产品造型设计基础

方　雪　范建锋　主　编

何颖丽　韩瑞生　李　林　副主编

清华大学出版社

北京

内容简介

产品造型设计是设计专业的重要基础课。本书在普适设计专业造型设计内容的基础上，融入工业设计所需的产品表现技法、人机工程学、设计程序与方法、工业设计史等内容，并引入符合当下学生兴趣的设计课题，驱动学生主动学习与产品相关的造型技法、构成方法、材料工艺，并通过8个微型设计任务分别实现，使学生形成系统的设计思维，获得精益的造型能力。

全书共8个任务，任务一：植物花瓶——认识形态，任务二：建筑再造——线的构成，任务三：柱体表情——面的构成，任务四：手握工具——块的构成，任务五：立体贺卡——造型法则，任务六：解构动作——形态隐喻，任务七：包装灯泡——形态构造，任务八：瓦楞纸椅——综合造型。

本书可作为中高职院校和技师学院艺术设计、工业设计等相关设计专业的专业基础课教材，也可作为设计公司的参考用书。

图书在版编目（CIP）数据
产品造型设计基础 / 方雪，范建锋主编. -- 北京 ：
清华大学出版社，2024. 9. -- ISBN 978-7-302-67221-0
Ⅰ. TB472.2
中国国家版本馆 CIP 数据核字第 2024M7D166 号

责任编辑：张　弛
封面设计：刘　键
责任校对：刘　静
责任印制：沈　露

出版发行：清华大学出版社
网　　址：https://www.tup.com.cn，https://www.wqxuetang.com
地　　址：北京清华大学学研大厦A座　　**邮　　编**：100084
社 总 机：010-83470000　　**邮　　购**：010-62786544
投稿与读者服务：010-62776969，c-service@tup.tsinghua.edu.cn
质量反馈：010-62772015，zhiliang@tup.tsinghua.edu.cn
课件下载：https://www.tup.com.cn，010-83470410
印 装 者：三河市龙大印装有限公司
经　　销：全国新华书店
开　　本：185mm×260mm　　**印　　张**：7.25　　**字　　数**：164千字
（附活页手册）
版　　次：2024年11月第1版　　**印　　次**：2024年11月第1次印刷
定　　价：48.00元

产品编号：100978-01

前言

FOREWORD

编者从企业岗位转到设计专业教学岗位后，切身感受到职业教育是国民教育的重要组成部分，与普通教育是两种不同的教育类型且具有同等重要的地位。由于职业技术院校的育人方式、办学模式、生源素质不同，其培养工业设计专业人才的最终目标和培养方式也应与普通教育有所区别。

回到专业领域，百年以前的包豪斯设计教育所采用的“双轨教学制度”，即每一门课程都有一位“形式教师”和一位“工作室导师”共同教学，能够使学生真正接受艺术和技术的双重影响。然而纵观国内工业设计人才培养，由于理工科和艺术科学生分类录取、分别培养，加之普通院校工业设计弱化技能教学，设计教学体系未能切实落地包豪斯关于艺术与技术相结合、教学与实践相结合的教育制度，普遍存在设计知识和设计技能结合不紧密的问题。但是，职业技术院校在设计技能教学方面有着与生俱来的优势，教学制度富有弹性，实操条件完备，有利于按照生产实际、岗位需求设计开发课程。本书正是在职业技术院校大力推进“工学一体”“理实一体”人才培养模式的背景下完成的。

“产品造型设计基础”是设计专业学生重要的专业基础课，目的是使学生通过各形态要素的组合训练，把握构成材料的形式美，能够运用构成方法、造型方法、材料特点，创造生动新颖的形态。工业设计专业在开设时应契合专业特征，合理整合机械、材料、结构和工艺等基础课程及其他工业设计专业课程的知识，提前预演产品设计程序与方法，为学生掌握系统的理论素养、培养灵活的设计思维做好准备。

在普适设计专业造型设计内容的基础上，本书依据学情融入工业设计的特有基因，酌情加入产品表现技法、人机工程学、设计程序与方法、工业设计史等课程内容，并带入符合当下学生兴趣、偏好的设计课题，驱动学生主动学习与产品相关的造型法则、构成方法、材料工艺。通过8个微型设计任务分别实现，帮助学生构建“洞察—创意—绘制—制作—展示”的连贯性学习模式和“基础设计课题—融合设计课题—项目模拟设计课题”线上线下混合的教学模式，促使学生形成系统的设计思维，获得精益的造型能力。

全书共八个任务，任务一：植物花瓶——认识形态，包含形态的基本概念、形态的类型及要素、聚苯乙烯泡沫材料的特点、电热切割机和电热刀的操作方法等知识与技能；任务二：建筑再造——线的构成，包含线材的特点和结构、线构成方法、KT板的特点等知识和技能；任务三：柱体表情——面的构成，包含面材的特点和结构、面构成方法、柱面构成方法设计制作柱面造型、纸材的处理方法等知识和技能；任务四：手握工具——块的构成，包含块体的特性和类型、手握工具的人机设计原则、聚氨酯泡沫材料的特点等知识和技能；任务五：立体贺卡——造型法则，包含三维形态造型法则、半立体立体构成方法、纸的半立体空间训练等知识和技能；任务六：解构动作——形态隐喻，包含物理和心理力感、动态结构的形态制作、瓦楞纸制作技巧等知识和技能；任务七：包装灯泡——形态构造，包含形态构造分类、形态构造的构成原理、EVA 材料的特点和应用技巧等知识与技能；任务八：瓦楞纸椅——综合造型，包含产品设计基本流程，特别是设计定位、人机工程中的坐姿标准等知识和技能。

本书编写工作的顺利完成，得益于浙江省十所一流职业技术学校之一——第 46 届世界技能大赛（工业设计技术项目）中国集训基地的杭州萧山技师学院，以及智能设计与制造学院开发的“混态”教学平台。此外也离不开参编老师的分工合作：范建锋主导设计任务选题、混态学习平台建设；何颖丽主导学习环节的设计、学习环境的标准建立；韩瑞生、李林撰写加工制作知识以及具体操作示范要点；宣进、韩在伟、吴垠舟参与材料选择与试用、客观题设计与编写。本书未出版前已作为校本教材，在杭州萧山技师学院试用一个教学周期，两个班级共 68 名学生参与学习，教学期间也接受了来自全国各地各个企业专家、兄弟院校的观摩和指导。

从工业设计实际教学中发现，产品造型技巧不是仅仅用来看看读读的，要在实际设计中去经历、体悟、积累、实操、反思，直到融入自己的设计观中。如此看来，借用《礼记·中庸》中的“博学之、审问之、慎思之、明辨之、笃行之”来形容有效的工业设计学习过程非常贴切。希望你在边读、边学、边做之后，认为产品造型设计是一件有趣的事情，是一件非专业人也需要了解的技能，是新时代人提升美学精神的必备素养。

书中包含大量图片素材、原创视频、客观练习，在此感谢杭州萧山技师学院 1904 工设技师班、2005 工设技师班的学生们提供作品素材；感谢孙炫政、郭豪熠、李姝葶、王文涛、祝钰琪、陈幸珏、童晴雨、朱易凡、郁烨峰等学生辅助教学准备工作；感谢浙江格创教育黄凯、俞杰飞，吉利汽车李翰林，领克汽车王腾海，热浪设计邢亚青，中为光电张遵浩，老板电器虞典等企业导师提供专业的技术支持。

由于本书内容涉及广泛，编者教学经验有限，书中如有疏漏之处欢迎读者们批评指正。

编　者

2024 年 8 月

教学课件

目录
CONTENTS

任务一 Task 1

植物花瓶——认识形态

任务目标

总目标：

从植物形态中抽象特征，利用该特征设计花瓶形态，并使用聚苯乙烯泡沫制作花瓶模型。

分目标：

(1) 能够辨别生活和设计中存在的不同的形态类型；

(2) 能够解析形态中点、线、面、体、空间等形态要素；

(3) 能够说出聚苯乙烯泡沫材料的特点，并学会使用电热切割机、电热刀等泡沫原型制作工具；

(4) 能够在造型设计中初步体验观察性思考。

建议学时：

12 课时。

任务背景

2022 年世界工业设计大会在山东烟台开幕，本届大会以“设计·链动未来”为主题，大会期间还举办了中国优秀工业设计奖展示活动，公开展示了获奖产品(作品)以及 500 余件优秀设计成果。中国优秀工业设计奖是我国工业设计领域唯一经中央批准开展的国家政府奖项，会上发布了 2022 年中国优秀工业设计奖获奖名单，59 件产品(作品)获得“2022 年中国优秀工业设计奖”，其中包括“奋斗者”号全海深载人潜水器(图 1-1)在内的 10 件作品获金奖。值得一提的是，“奋斗者”号全海深载人潜水器的“全海深载人潜水器”专利(专利号：ZL201930245255.8)还获得第二十三届中国外观设计金奖。

“奋斗者”号从 2016 年立项开始，之前被称为“万米载人潜水器”，目标是要研制一台拥有自主知识产权、核心技术国产的全海深载人潜水器，经过了风洞、拖曳水池、耐波性水池等大量试验，才形成了获奖专利所展示的“奋斗者”号外观，前后共花费了 3 年时间。

“奋斗者”号除了凝聚了船舶总体布置、水动力学、海洋光学、人因工程等多学科设计成果，还值得一提的是其类似鲸鱼的独特的水动力外形。从图 1-2“奋斗者”号侧视图可以看出，其艏部像帽檐，中部是一段椭圆形截面的平行中体，艉部是收缩型的水滴，这样的设计综合性能优异，不仅提升了空间利用率，降低能耗，能实现 60m/min 以上的平均潜浮速度和高精度自动驾控性能，还充分考虑了电、磁、声、光的兼容设计，抗干扰能力强，而且满足检测、维修等通用质量特性要求。形态内部多光源、多角度的交叉灯光布局设计，也最大限度保持了水动力外形的完整性，减少了航行阻力，在完全黑暗的深海海底为潜水器作业、近底观察、安全航行营造良好的光环境。

图 1-1 “奋斗者”号

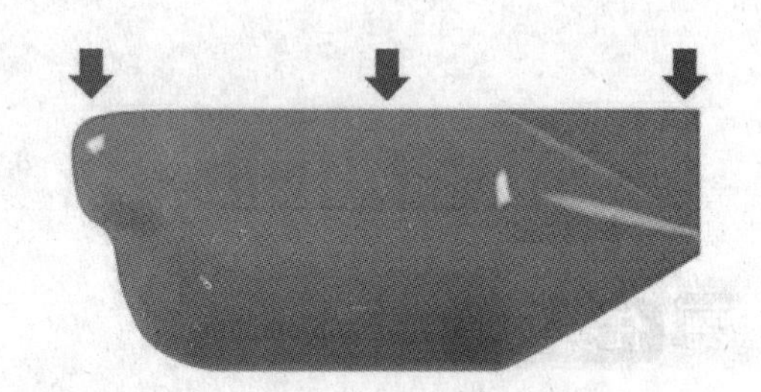

图 1-2 “奋斗者”号侧视图

产品形态中承载了美学、产品语意、文化、技术等非常丰富的信息，凸显了形态设计在产品造型设计中的重要地位。有时形态设计的魅力可能远远超出人们的想象。那么到底什么是形态呢？形态中又包含哪些东西呢？下面通过“任务一　植物花瓶——认识形态”来学习。

任务描述

本任务是设计并制作一个花瓶原型。首先观察教师提供的植物实物，绘制其形态线稿，标注其中存在的形态要素，然后找到其中的代表性典型特征并用简单线条概括形态，形成特征线，接着应用特征线推演花瓶形态。在学习聚苯乙烯泡沫模型的制作方法和工具使用方法后，制作推演的花瓶形态原型，从而认识产品设计中存在的形态，以及初步体验观察性思考。

任务实施

环节一　构绘果蔬形态

一、环节要求和具体步骤

1. 环节要求

(1) 本任务所要求绘制的尺寸图均使用铅笔、尺规作图，标注尺寸、比例。

(2) 效果图均按工业设计表现技法使用专业手绘圆珠笔或铅笔，流畅绘图。

(3) 注释文字均使用黑色签字笔工整书写；所有图均以合适比例、大小绘制在相应工作页上。

2. 具体步骤

第 1 步：准备 2 个植物实物。利用 15min 的时间，认真观察植物实物，感受它们的形态、构造、神态，并尝试使用工作台上的美工刀切开或剥离植物，继续观察植物内部构造。

第 2 步：使用自备的手绘铅笔或圆珠笔，在相应的“工作页：任务一　植物花瓶——认识形态 1”，采用线描的方法构绘你所观察的果蔬形态，如图 1-3 和图 1-4 所示。绘制的形态为包含至少 3 个视角的立体视图(其中一个要表达出内部结构)和若干局部视图，并注意该植物具有的典型特征，尽可能详细绘制。

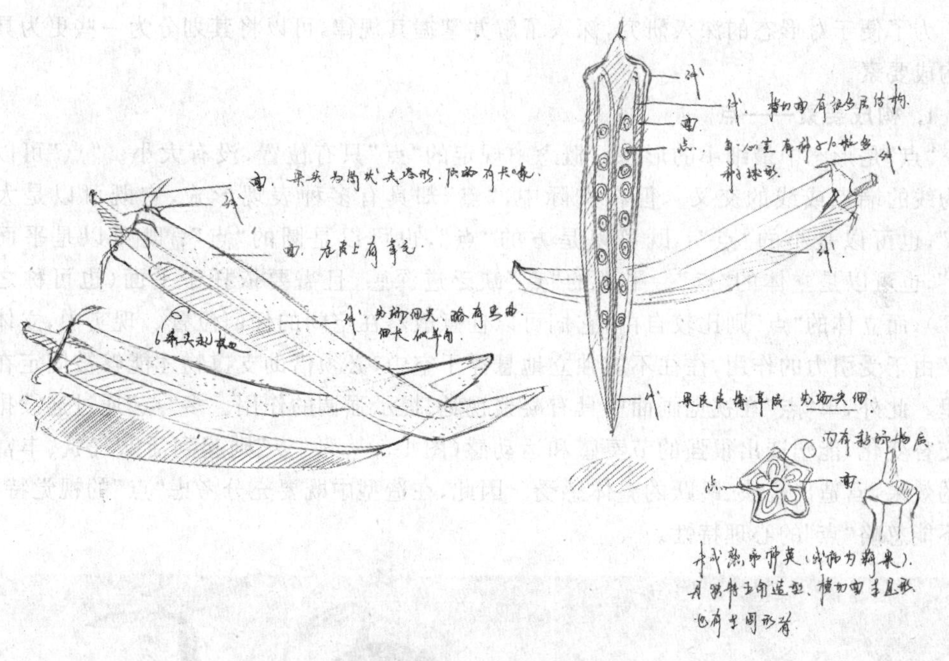

图 1-3　植物形态线描案例 1

（设计：郭豪熠）

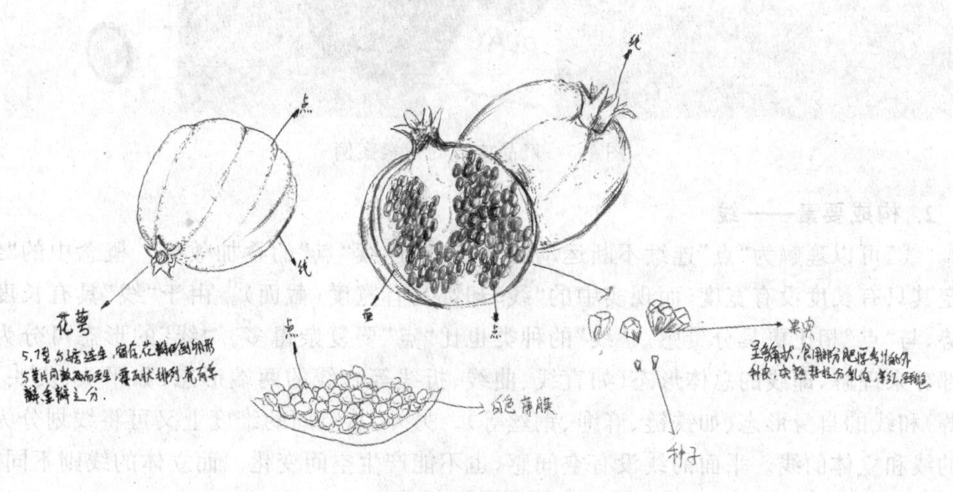

图 1-4　植物形态线描案例 2

（设计：孙炫政）

第 3 步：通过微课 1-1 学习形态的要素相关内容，参考提供的范例，在构绘的果蔬形态上标注存在的点、线、面、体的形态要素，同时使用电子设备查阅资料，标注具有代表性的典型特征的生物学解释，如青椒的柄，新鲜青椒顶端的柄，也就是花萼部分是新鲜绿色的。

第 4 步：完成绘制后，教师对图纸进行考核评分。考核通过进入下一环节，未通过重新绘制（总共可申请两次考核）。

微课 1-1
形态的要素

二、相关知识

为了便于对形态的深入研究，深入了解并掌握其规律，可以将其划分为一些更为具体的构成要素。

1. 构成要素——点

“点”是形态中最细小的形态。概念中规定的“点”只有位置，没有大小。“点”可以理解为线的端点或线的交叉。但在实际中，“点”却具有多种表现形式，它既可以是大的“点”，也可以是小的“点”；既可以是方的“点”，也可以是圆的“点”；既可以是平面的“点”，也可以是立体的“点”。平面的“点”缺乏进深感，且需要依托于平面（也可称之为“底”），而立体的“点”则比较自由，它们可以任意散落在空间的任何位置。现实中，立体的“点”由于受引力的作用，往往不能独立地悬浮于空中，必须借助支撑物才能够被固定在空间里。此外，单“点”在视觉画面中具有凝聚视觉、提示强调的作用。多“点”通过连续排列并交替变化，能塑造出很强的节奏感和运动感（图 1-5）。散“点”则起到活跃气氛、丰富画面的效果，营造出轻快、跳跃的整体感受。因此，在造型中既要充分考虑“点”的视觉特征，又不能忽略“点”的心理特性。

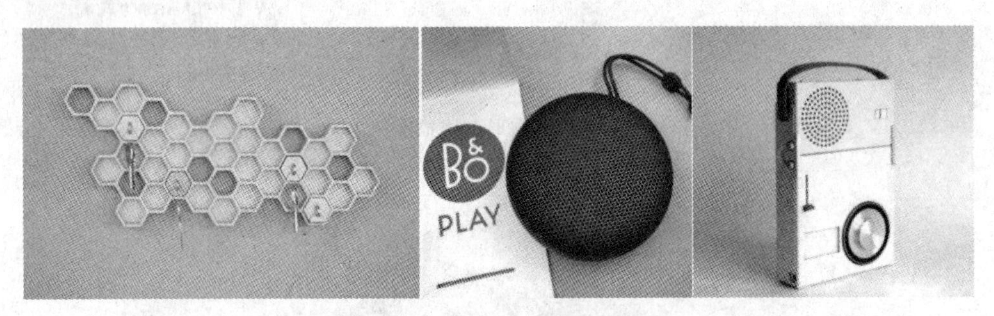

图 1-5　产品中点的元素案例

2. 构成要素——线

“线”可以理解为“点”连续不断运动的轨迹，或连续“点”的叠加效果。概念中的“线”规定其只有长度没有宽度，而现实中的“线”却都具有宽度（截面）。由于“线”具有长度的优势，与“点”相比更具分量感。“线”的种类也比“点”要复杂得多。“线”的形态可分为三个部分来理解，即线的总体形态（如直线、曲线、折线等），线的两端形态（如平头、尖头、圆头等）和线的自身形态（如铁链、麻绳、钢丝等）。另外，从空间的维度上又可将线划分为平面的线和立体的线。平面的线没有空间感，也不能产生空间变化。而立体的线则不同，它可以从各个视角、各个方位表现出来，即空间的形态。立体的线不仅可以停留在空间的任何位置上，还可以通过弯折、扭曲来改变其在空间里的方向和位置。

单独的线比较单薄，缺乏体量感。成组聚集在一起的“线族”的体量感则强得多（图 1-6）。“线族”往往是按照一定的规律编排的，只要掌握了它们的编排规律，就能有效抓住线的本质特征。

图 1-6　产品中线的元素案例

线具有轻快、紧张和强烈的方向感。经过编排后的线，具有较好的节奏感和通透感。注重研究线的心理特性，将有助于全面地了解和掌握线的总体特征。

3. 构成要素——面

“面”也可以看作“线”连续不断运动的轨迹，或是连续“线”的叠加效果。概念中规定的“面”只有面积没有厚度。而现实中的“面”却多具有明显的厚度。

“面”是平面造型的主体形态，但是，平面中的“面”通常只能看到其表面，却不能显示其截面。立体的“面”则不同，不仅能显示其截面，还可以在空间里进行弯曲、折叠、翻转等。立体的“面”比较特殊，从截面来看它具有线的特点，而从表面来看它又具有“体”的特性（图 1-7）。面的截面形态具有轻快、紧张之感，而表面则具有充实、厚重之感。因此，面的心理感受需要从两个方面来加以理解。

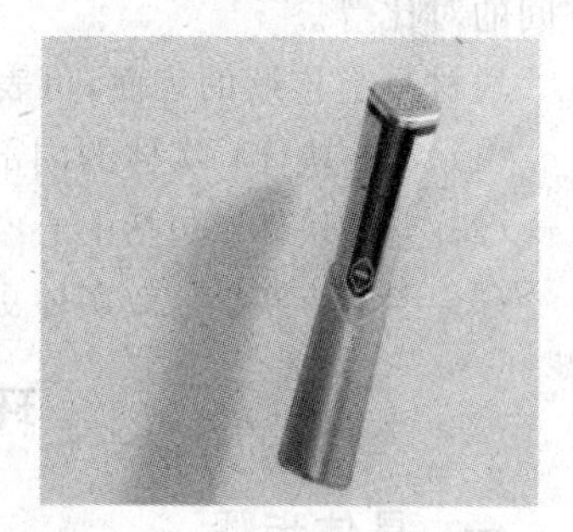

图 1-7　产品中面的元素案例

4. 构成要素——体

“体”可以当成“面”连续运动的轨迹，或是众多“面”叠加后的最终效果。“体”是现实中所存数量最多的形态。“体”通常稳定性较好，且具有较强的体量感、充实感和厚重感。立体形态比前面所提及的点、线、面形态要丰富得多：它既可以是规则形态，也可以是不规则形态；既可以是几何形态，也可以是有机形态；既可以是内部充实的形态，也可以是内部空虚的形态……显然，体的造型比点、线、面的造型更为复杂（图 1-8）。

图 1-8　产品中块的元素案例

"体"在空间中可以占据任何位置，但由于其需要克服引力的作用，往往又需要借助其他物体来予以支撑。单独的"体"可以通过变形、叠加、切削等方法达到造型的目的，而组合在一起的立体形态，则可以通过相互嵌入、贯穿、插接以及间隔排列的方法来实现造型。此外，"体"还可以通过单元造型的方法创造更为复杂的形态。

在"体"的造型过程中，既要充分考虑"体"的视觉效果，又不能忽略其给人带来的心理感受。如同样质量的立体，既可以把它处理成感觉比较轻快的形态，也可以将其加工成特别沉重的形态，关键在于如何把握好立体的视觉效果与心理感受的关系。

体构成的形态实用性非常强，在塑造形体的设计中运用十分广泛，如城市雕塑、建筑模型、工业造型设计、纸盒造型等。

体可以由一个独立的造型简单的单体构成，如多面体；也可以由多个同质或异质单体通过一定的形式组合为一个造型复杂的空间立体形态，如体块组构。

块体本身具有长、宽、高三维空间的封闭实体。块材的基本构成方式是变形、分割、积聚，在制作中常综合运用。块材的构成讲究形体的刚柔、曲直、长短等因素的对比变化和空间的对比等。

块材具有连续的表面，可表现出很强的量感，也通常给人以充实、稳定之感。

(1) 实心块体：实体的内部充实，具有厚重感，如木块、石头。

(2) 空心块体：包括中心空的块体和由面材围和而成的空心块体，如气球。

(3) 半虚半实体：较实体更具透气感，而比虚体则更具充实感，如海绵。

环节二　花瓶形态推演

一、具体步骤

第 1 步：根据上环节一构绘的果蔬形态，从中选取具有代表性的典型特征，用几根线条尽可能简洁概括该典型特征，绘制在附页相应的"工作页：任务一　植物——认识形态 2"上，作为提取的特征线，如图 1-9 所示。

第 2 步：应用提取的特征线，在相应的"工作页：任务一　植物花瓶——认识形态 3"上绘制花瓶形态，至少推演出 6 种不同的花瓶形态，如图 1-10 和图 1-11 所示。花瓶形态为 45°立体图，辅助使用结构线表现形态，使形态和空间关系尽可能表达准确，线条流畅，图幅合适，并在每个方案的右下角标注方案序号(以便教师帮助选择制作方案)。

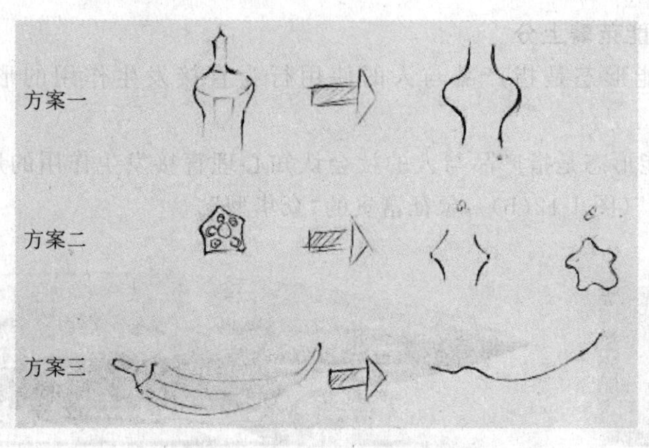

图 1-9　花瓶特征线提取案例

（设计：童晴雨）

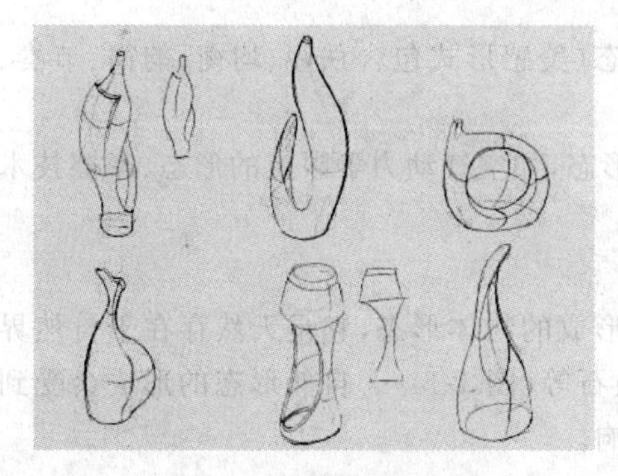

图 1-10　形态推演案例 1

（设计：郭豪熠）

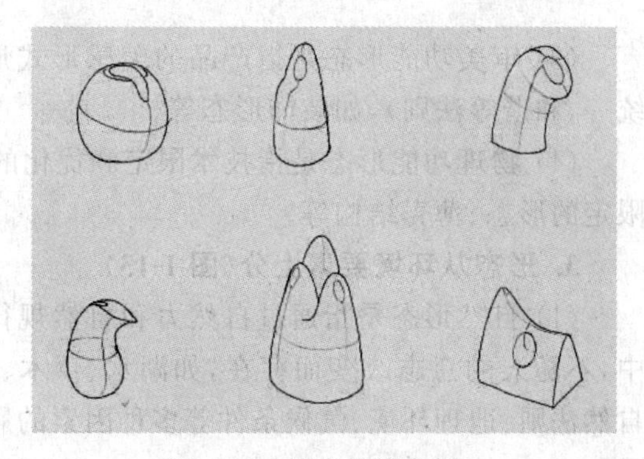

图 1-11　形态推演案例 2

（设计：李姝葶）

第 3 步：通过微课 1-2 学习形态类型的相关内容，标注典型特征和推演的花瓶形态分别为哪种类型的形态。

微课 1-2
形态的类型

第 4 步：完成绘制后，请教师对图纸进行考核评分。考核通过进入下一环节，未通过重新绘制（总共可申请两次考核）。

二、相关知识

形态是造型的重要组成部分。在现实中，形态本身十分复杂，既有大小之分，又有数量之别；既有形态差异，又有空间变化。“形”通常指物体外在的形状。物体的形状指的是物体在某一角度下呈现出来的外形轮廓。从不同的方向和角度观察同一个物体，观察到的物体外形轮廓都有所不同。而形态则是由无数个角度的形状构成的，是物体的综合外貌。形态中的“态”则是指物体蕴含的“神态”，也就是物体所展现出来的、人们所感受到的内在思想、情感表达。因此，形态就是物体“外形”与“神态”的结合，物体的“形”与“神”是相辅相成的，“形”诠释了“神”，“神”也寄托于“形”。

1. 形态从空间范畴上分

（1）三维形态是指产品的“体”态，是产品形态的主体。

（2）二维形态是指产品的“面”态，是产品形态的“精髓”。

2. 形态从功能范畴上分

(1) 使用功能形态是指产品与人的使用行为直接发生作用的形态，如操作装置(图 1-12(a))。

(2) 象征功能形态是指产品与人的社会认知心理直接发生作用的形态，如象征速度和科技的“流线型”(图 1-12(b))，象征富贵的“豪华型”。

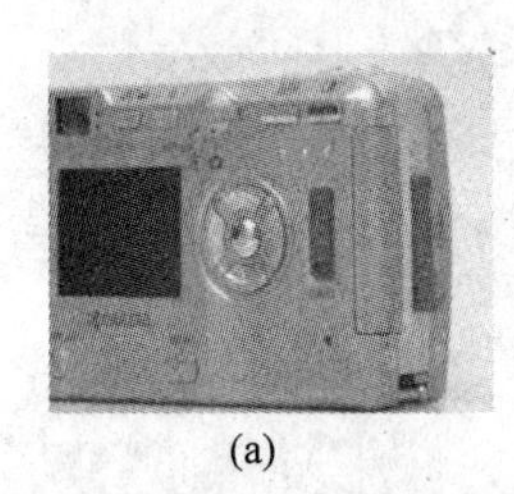
(a)

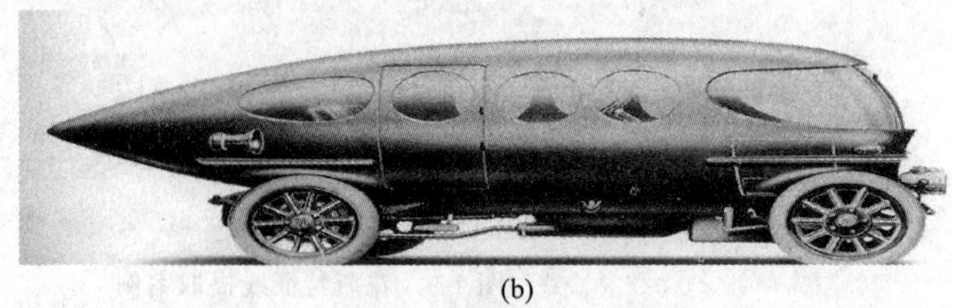
(b)

图 1-12　使用功能形态和象征功能形态

(3) 审美功能形态是指产品的美感形式形态(美感形式包含秩序、均衡、韵律、节奏、统一、和谐等法则)，如装饰形态等。

(4) 物理功能形态是指技术限定和优化的形态，如空气动力学限定的形态、摩擦技术限定的形态、薄壳结构等。

3. 形态从环境要素上分(图 1-13)

(1) 自然形态是指通过自然力和自然规律形成的物体形态，它是天然存在于自然界中，不随人的意志改变而存在，如湖水、草木、山石等(图 1-14)。自然形态的形成会受到自然法则、地理环境、气候条件等多种因素的影响。

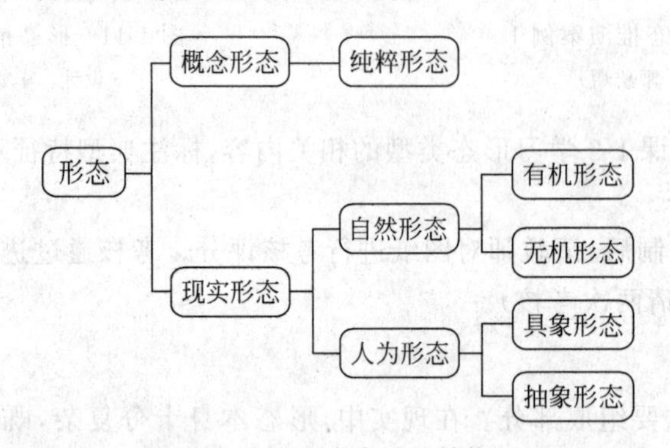

图 1-13　形态类型的结构

(a)　(b)

图 1-14　自然形态中有机形态和人为形态中的具象形态

自然形态又分为有机形态与无机形态。有机形态是指可以再生的、有生长机能的形态，它给人舒畅、和谐、自然、古朴的感觉，但需要考虑形本身和外在力的相互关系才能合理存在(图 1-14(a))。无机形态是指相对静止、不具备生长机能的形态。在自然形态中，非人的意志可以控制结果的形称为偶然形，给人特殊的感觉，还有看起来难以得到和流于轻率的缺点。非秩序性且故意寻求表现某种情感特征的形称为不规则形，给人活泼多样、轻快且富有变化的感觉，如果处理不当则会导致混乱无章、七零八落的结果。

(2) 人工形态是指人类通过加工工艺、科学技术等手段创造出来的物体形态。与自然形态不同，人工形态的形成会受到人类的观念意志、审美变化、技术更迭等多种因素的影响，是人类有目的的劳动成果，能够反映人类文明发展的变化。

人工形态根据造型特征可分为具象形态和抽象形态。具象形态是依照客观物象的本来面貌构造的写实，其形态与实际形态相近，反映物象的细节真实和典型性的本质真实(图 1-14(b))。抽象形态不能直接模仿显示，是根据原形的概念及意义而创造的观念符号，使人无法直接辨清原始的形象及意义，它以纯粹的几何形态提升作品或产品的客观意义，如正方体、球体以及由此衍生的具有单纯特点的形体。

环节三　材料工具准备

一、具体步骤

第 1 步：准备 30cm×20cm×10cm 的聚苯乙烯泡沫 1 块，将马克笔、钢直尺、美工刀、白胶、刻刀、电热切割笔等工具摆放在工作台上(图 1-15)，学习聚苯乙烯泡沫的特性、应用方法等。

第 2 步：环节二中，在教师的帮助下，确定最终制作方案。充分考虑最终设计方案以及坯料尺寸，将最终设计方案的三视图绘制在相应的“工作页：任务一　植物花瓶——认识形态 4”上，铅笔、尺规作图，标注比例、尺寸。

第 3 步：通过微课 1-3 学习电热丝切割机的使用方法，用领取的高密度泡沫块到电热切割机工作区，根据原型设计的尺寸，粗切多余的泡沫(图 1-16)。

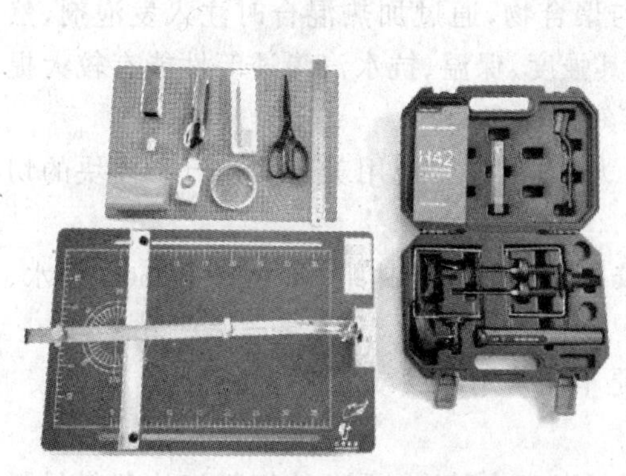

图 1-15　材料工具准备

图 1-16　电热切割机粗切割原型

二、相关知识

1. 聚苯乙烯泡沫

在工业设计模型制作阶段，根据设计方案不同来选择不同的材料制作模型，如纸张、泡沫、油泥、木材、塑料、金属等。在这些材料中，工业设计造型泡沫由于材料成本和加工成本低，被更多地选择使用。工业设计造型泡沫具有不同的颜色和密度，可以通过手工雕刻、切削、打磨或机器加工制作成任意造型，但模型表面难以通过加工实现光滑的效果。常见的工业设计造型泡沫有聚苯乙烯泡沫和聚氨酯泡沫，因聚苯乙烯泡沫更为廉价易得，工业设计造型常用其作为基本造型设计的训练材料。

聚苯乙烯泡沫的应用领域十分广泛，可以用于建筑墙体、屋顶、地面的保温，以降低能源消耗和提高建筑物的能源效率；可以用于各类产品的包装，以保护产品的安全和完整性；可以用于汽车、火车、飞机等交通工具的隔音、隔热及减震；可以用于雕塑、模型制作等艺术创作领域，以实现各种复杂的造型效果。

常见的聚苯乙烯泡沫有模塑聚苯乙烯泡沫塑料(EPS)(图 1-17)和挤塑聚苯乙烯泡沫塑料(XPS)(图 1-18)。本任务中使用材料的为 XPS。

图 1-17　模塑聚苯乙烯泡沫塑料(EPS)

图 1-18　挤塑聚苯乙烯泡沫塑料(XPS)

EPS 是一种轻型高分子聚合物，采用聚苯乙烯树脂加入发泡剂，同时加热进行软化，产生气体，形成一种硬质闭孔结构的泡沫塑料，通常作为保温隔热、包装填充、防震抗压的材料，切割不平整，切割时残渣四溅。

XPS 是以聚苯乙烯树脂加上其他原辅料与聚合物，通过加热混合时注入发泡剂，然后挤塑成型的硬质泡沫塑料板。与 EPS 相比，其强度、保温、抗水汽渗透等性能有较大提高，通常作为保温材料、模型材料，切割平整，雕刻无渣。

XPS 切割特性：可以使用电热切割笔进行大体块切割，使用美工刀进行小体块的切割，使用锉刀和砂纸进行更精细的塑形。

XPS 黏结性能：能够使用双面胶、白乳胶、酒精胶相互黏结，不可使用 502 胶水、UHU 胶水。

微课 1-3 电热丝切割机使用

XPS 着色特性：可使用丙烯颜料上色，但是不能使用油漆或者喷漆上色。

2. 电热丝切割机

电热丝切割机(图 1-19)利用电热丝的高温可以安全精准、干净地切割泡沫塑料材料主要用于切割挤塑板、泡沫、低密度海绵、珍珠棉、丝带、KT 板等材质，还可以对以上材料做不同形式的切割,如角度切割、切片切割、条状切割、异形切割等。电热丝切割机的结构简单,调节方便,能够准确切割材料的外形尺寸。

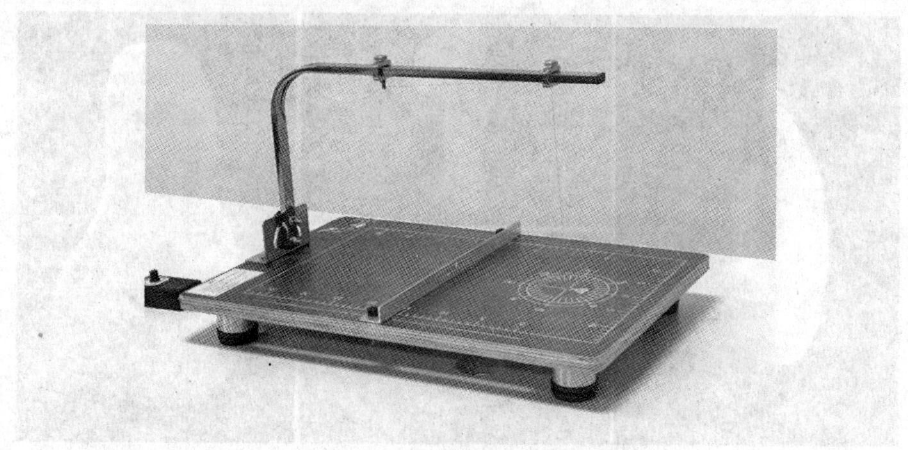

图 1-19　电热丝切割机

(1) 接通电源,调节调温器旋钮到合适温度,开始切割。

(2) 通电后电热丝受热变长,再次转动铝轮拉直受热变长的电热丝,3s 后即可开始切割。

(3) 滑块的移动配合绕线轮的拉松可完成角度的切割。

(4) 设置调温开关挡位,一般切割根据不同的材料选择不同的挡位,电热丝不发红为佳。

环节四　花瓶形态制作

微课 1-4
泡沫形态
制作示范

一、具体步骤

第 1 步:用马克笔将环节三绘制的花瓶三视图按设计比例绘制在粗坯面上。

第 2 步:通过观看微课 1-4 泡沫形态制作示范和微课 1-5 电热丝切割笔使用示范,学习具体形态的制作,使用电热切割刀贴合绘制的轮廓线切割形态(图 1-20)。

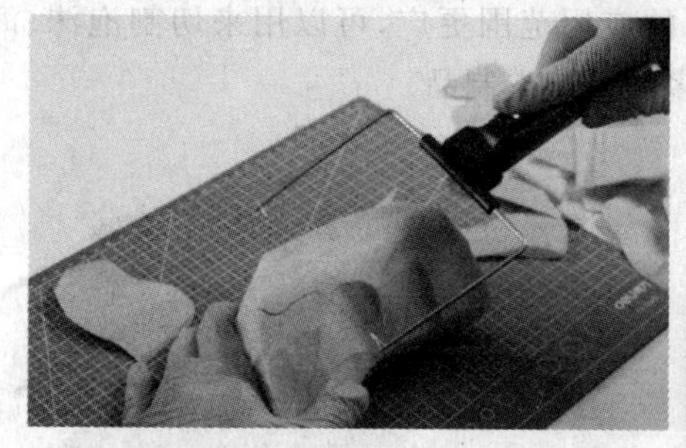

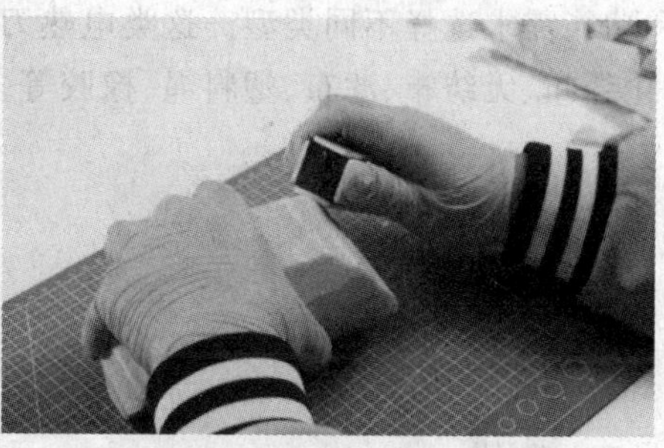

图 1-20　泡沫模型制作步骤

微课 1-5
电热丝切割
笔使用示范

第 3 步:孔、台阶、细节转角等可结合美工刀和刻刀进行细致切割。

第 4 步:使用锉刀和砂纸打磨切割后的表面,使其尽可能光滑无毛刺,形成较精细的原型。在处理精细边缘或圆角时可辅助使用分色纸。

第 5 步：完成后将原型(图 1-21)和相应工作页摆放在工作台上，请教师进行考核，考核通过进入下一环节，未通过重新制作(总共可申请两次考核)。

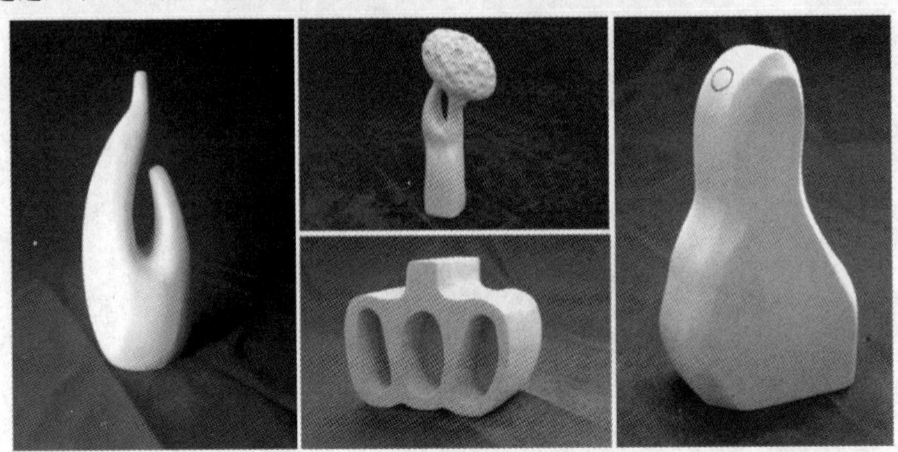

图 1-21 植物花瓶原型

(设计：郭豪熠、张伟豪、陶智杰、赵文雅)

二、相关知识

电热刀是一种常见的手持切割工具，其原理是将电能转变为热能，利用高温来熔化材料，达到切割的效果。电热刀主要用于切割泡沫、塑料、海绵、橡胶、织物、皮革等低熔点材料。由于高温能够熔化材料形成焊接，电热刀也被广泛用于焊接和密封。

电热刀主要有以下两种类型。

(1) 电热丝式电热刀(图 1-22)：原理较为简单，就是在刀里面装上电热丝，通电后发热。这种电热刀的优点是价格便宜，成本低，结构简单；缺点是长时间工作电热丝易断，只能用来切泡沫类产品。

(2) 刀片式电热刀(图 7-23)：利用刀片的电阻，通过大电流来实现发热。这种电热刀的优点是预热快，只要几秒钟刀片就能够达到红的状态，效率高。并且直接用刀片发热的方式可以减少损耗，提高能源利用率。此种刀片的形状选择较多，可以根据不同的使用场景和功能需求选择不同类型。这类电热刀的应用范围更广，可以用来切割泡沫、海绵、塑料、化纤布、无纺布、滤布、塑料绳、橡胶等多种低熔点制品。

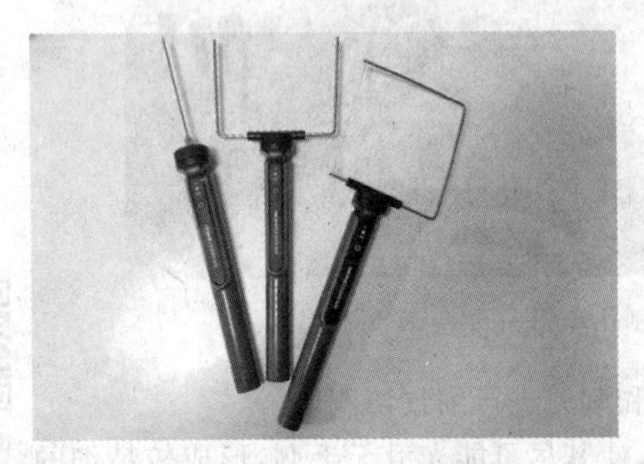

图 1-22 电热丝式电热刀

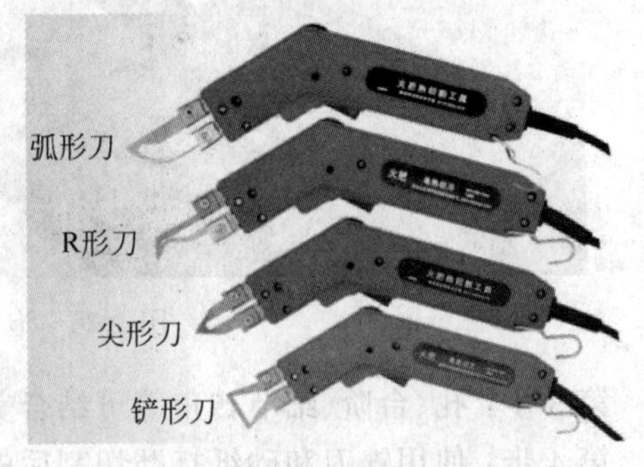

图 1-23 刀片式电热刀

环节五　整理提交作品

具体步骤如下。

第 1 步：将工作台面整理干净，工具完好无缺地摆放在规定位置，剩余材料进行整理归纳入库。

第 2 步：将作品和相应资料整理好摆放于台面，等待教师根据考核标准进行考核。

评价考核

1. 阶段性测评

为检测学生对于每一环节专业知识与操作的掌握，在各环节设有考核，把任务的知识点学习和训练进行分解，分阶段有序地检查反馈，确保学生掌握每一环节的知识点和操作技能，为达成任务总体学习目标做好保障。只有完成各环节的测评并合格，才能进入下一环节的学习，不合格者将重新进行学习与考核。

2. 终结性评测

所有环节完成方能进入任务终结性评测。终结性评测采取教师综合评价和综合测试相结合的方式。

(1) 教师综合评价

教师将依据表 1-1 的考核评分表对学生的学习态度、工作习惯和作品质量进行总体评价，60 分以上为合格，合格方能进入下一任务的学习。

表 1-1　考核评分表

序号	内容及标注		配分	自评	师评
1	植物构绘（10 分）	精准构绘植物形态和特征	10		
	花瓶推演（20 分）	草图方案具有原创性	10		
		推演的草图方案不少于 6 个	5		
		绘制的草图达到产品手绘基本要求	5		
2	原型制作（25 分）	原型尺寸在规定的范围内	5		
		原型与设计方案一致	5		
		原型制作的复杂程度	5		
		原型摆放平稳，具有稳定性	5		
		原型表面规整	5		
3	设计美学（20 分）	形态具有良好的形式美感	10		
		形态富有创新性	10		
4	课堂表现（15 分）	遵守工作站学习秩序和学习纪律	5		
		参与任务实施的积极性较高	5		
		跟随教师引导认真完成任务	5		
5	安全规范（10 分）	工具摆放整齐	2		
		工作台面整洁	2		
		在安全要求下使用工具	3		
		节约材料和爱护工具	3		
总分					

（2）综合测试

综合测试以客观量化题为主，满分 100 分，考核分数达到 90 分才能进入下一任务的学习，否则继续学习直至达到 90 分以上为止，总共可申请两次考核。

试题库

一、选择题

1. 根据学习形态的分类，你认为下图中的产品形态属于（　　）。

A. 自然形态　　B. 抽象形态　　C. 具象形态

2. 生活中见到的铁链、麻绳、钢丝等“线”的形态是从线的（　　）来理解的。

A. 自身形态　　B. 两端形态　　C. 总体形态

3.（　　）是指可以再生的、有生长机能的形态，它给人舒畅、和谐、古朴的感觉。

A. 有机形态　　B. 无机形态　　C. 人为形态

4. 阿尔瓦·阿尔托（1898—1976 年）是芬兰现代建筑师，人情化建筑理论的倡导者，同时也是一位设计大师及艺术家。以下产品不是他的设计作品的是（　　）。

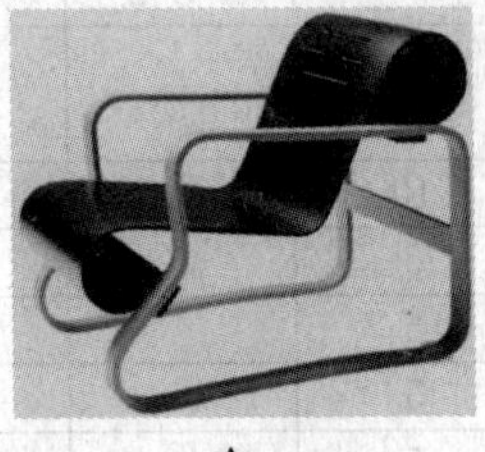

A.

B.

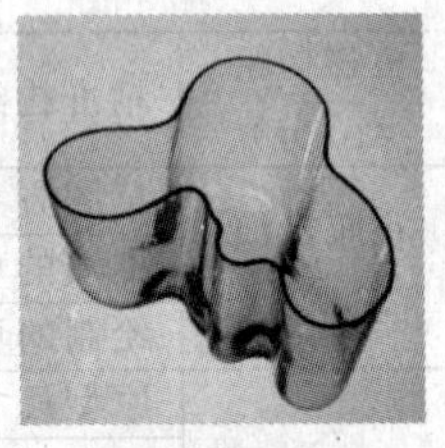

C.

5. 按柔韧程度可将线材分为硬质线材和软质线材。软质线材的构造类型有（　　）。

A. 垒积构造　　B. 线框构造　　C. 编结构造

6. 聚苯乙烯泡沫之间不能使用（　　）进行黏结。

A. UHU 胶水　　B. 酒精胶　　C. 502 胶水

二、判断题

1. 聚苯乙烯挤塑板是聚苯乙烯树脂辅以聚合物在加热混合的同时，注入催化剂而后挤压出连续性闭孔发泡的软质泡沫塑料板。（　　）

2. 利用刀片的电阻通过大电流来实现发热的手持电热刀，这种电热刀预热时间很短。（　　）

3. 在使用电热丝切割机时，需要设置调温开关挡位，一般切割根据不同的材料选择

不同的挡位，电热丝发红为佳。（　）

4. 利用刀片的电阻通过大电流来实现发热的手持电热刀，这种电热刀预热时间很短。（　）

5. 形态的类型从环境要素上分，可分为使用功能形态、象征功能形态、审美功能形态和物理功能形态。（　）

6. 概念中规定的"面"只有面积没有厚度，而现实中的"面"却多具有明显的厚度。（　）

7. 聚苯乙烯挤塑板可以随意切割，切面平整，不掉渣，并且可以使用油性漆喷涂表面进行装饰。（　）

8. 块材的基本构成方式是变形、分割、积聚，在造型设计中常常综合运用。（　）

任务二 Task 2

建筑再造——线的构成

任务目标

总目标：

将杭州市某地标建筑改造成线材的框架构成，应用蜡线和KT板制作改造后的建筑模型。

分目标：

(1) 能够赏析生活和设计中线的立体构成作品，辨别线材的特点、结构和工艺；

(2) 能够应用织面构成、结索构成、垒积构成、框架构成等方法制作线的立体构成作品；

(3) 能够说出KT板的特点，并学会使用铁丝、木棒、蜡线、KT板等材料制作原型；

(4) 能够通过线的空间形态训练，初步获得造型的改造力和感受力。

建议学时：

12课时。

微课2-1 佐藤大和Nendo

任务背景

立体构成中的线是有决定长度特征的材料实体，通常称这种材料为线型材料。用线型材料(线材)构成的立体形态称为线立体。线材因材料强度的不同可分为硬质线材和软质线材。在生活中，常见的硬质线材有条状的木材、金属、塑料、玻璃等；软质线材有毛、棉、丝、麻以及化纤等软线和较软的金属丝。运用各种类型的线材可以在三维空间中塑造创新的产品造型，佐藤大的"黑线系列"作品就体现了线材在产品中的应用(图2-1～图2-3)。

Thin Black Lines Chair(图2-4)是佐藤大为Phillips de Pury拍卖行设计的作品。整张椅子都是由一根根平行的黑色金属线材弯折排列而成。黑色的线条使其看上去像是一幅素描画，但实际上又是一件立体作品，打破了二维和三维的界限，简单又充满个性。下面来了解这位有趣又有个性的设计师——佐藤大。

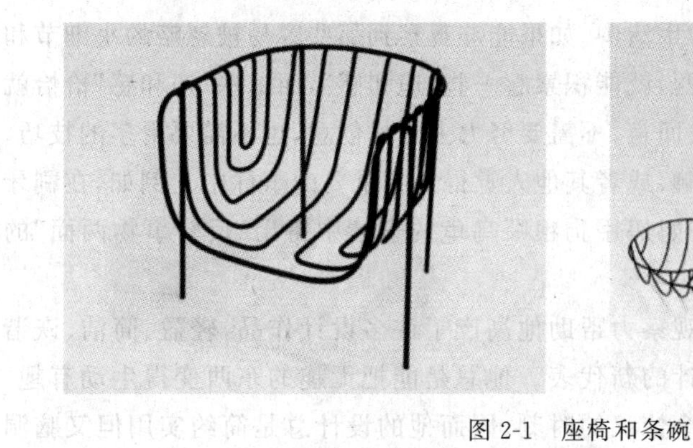
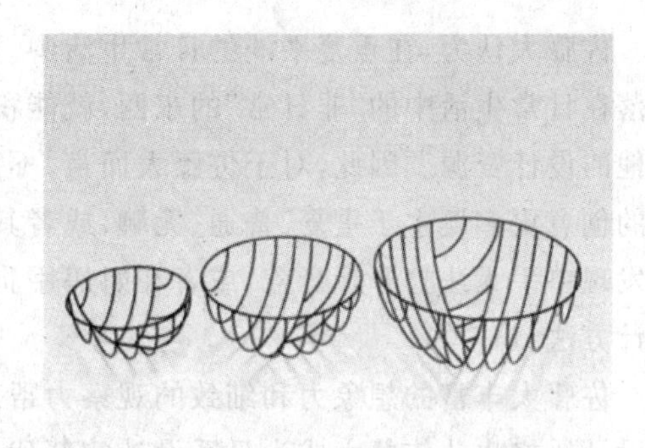

图 2-1　座椅和条碗

图 2-2　花瓶

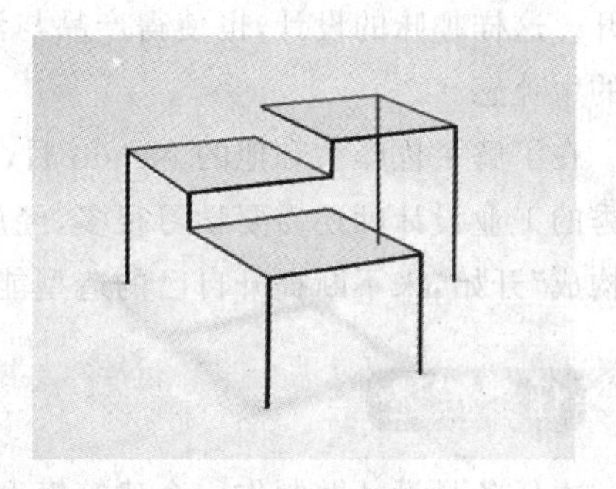

图 2-3　桌

图 2-4　*Thin Black Lines Chair*

佐藤大，日本设计师，1977 年出生在加拿大，10 岁回到日本定居，后来在日本早稻田大学研读建筑学，以第一名的成绩毕业。佐藤大毕业后，创办了他的设计事务所——Nendo。佐藤大虽然学的是建筑，但其作为跨领域设计的翘楚，作品涉及面非常广，包括建筑、室内、产品、家具、包装和平面设计等。佐藤大执掌的 Nendo 工作室，包括佐藤、鬼木、伊藤 3 个主力设计师在内仅有 30 人左右，但每年可以完成超过 400 个项目。2007 年，Nendo 公司被 *Newsweek* 杂志评为全球百强小型公司之一，Nendo 的作品多次在国际展中显露锋芒，如 2003—2008 年的米兰国际家具沙龙，2004 年巴黎室内家具展；2005 年、2006 年斯德哥尔摩家具展等。那么，他们是如何保持高效率和高质量的同时，还能源源不断地收集和挖掘设计灵感呢？

佐藤大认为，在重复平淡的日常生活中，如果能够观察到那些容易被忽略的小细节和散落在日常生活中的“非日常”的东西，就能积累起一些“违和感”，而这些“违和感”恰恰就是他的设计资源。因此，对于佐藤大而言，不需要努力去寻找创意，也不需要更多的技巧，他的创意更多诞生于重复、普通、无聊，或者其他人觉得并不重要的事件中。例如，在刷牙时发现单手无法打开牙膏盖，或者在妈妈用狗粮喂乌龟的事情中得出“反转事物两面”的设计方法。

佐藤大丰富的想象力和细致的观察力帮助他高产了许多设计作品，轻盈、简洁、诙谐的设计风格也让佐藤大成为日系设计的新代表。他总是能把无趣的东西变得生动有趣，他认为要在隐藏的日常中给人们一个惊叹的时刻，因而他的设计总是简约实用但又脑洞大开。这样趣味的设计，也使得产品与消费者之间的关系更加紧密，从而消弭产品初次使用的生疏感。

在了解了佐藤大和他的 Nendo 后，你一定会被他的创意和才华所折服。要成为一个优秀的工业设计师还需要学习很多，经历很多。下面从简单的“任务二　建筑再造——线的构成”开始，来不断提升自己的造型能力和设计能力。

任务描述

本任务是设计并制作一个建筑模型。学生首先通过使用铁丝制作笔筒，体验线材的特点和形成的空间感，然后通过模仿制作两组不同的线构成作品来学习线构成的不同类型。接着从教师提供的建筑素材中提炼形态，利用线的构成拆解形态，形成线的框架构造，并将其绘制出来。最后利用 KT 板制作改造后的建筑模型。在此过程中利用对形态感知的训练，获得造型感受能力和改造能力。

任务实施

环节一　线的空间体验

一、具体步骤

第 1 步：准备制作铁艺笔筒的材料，包括铁丝、麻线、尖嘴钳和双面胶，按精益管理的要求摆放于自己的工作台面上。

第 2 步：使用自带的手绘工具，在相应的纸张上绘制构思的笔筒形态。要求至少包含 2 幅不同立体视图以及 1 组尺寸图，需要注明麻线的缠绕位置、编织方式，并标注各部分材料(必须使用铁丝和麻线)。笔筒整体实际尺寸控制在 15cm×15cm×15cm 的范围内，形态不得为简单几何体，如图 2-5 所示。

第 3 步：通过微课 2-2 学习铁艺笔筒制作示范，并制作上一步设计的铁艺笔筒，如图 2-6 所示。完成后将作品摆放在工作台上，向教师申请考核，考核通过进入下一环节，未通过重新制作(总共可申请两次考核)。

微课 2-2
铁艺笔筒
制作示范

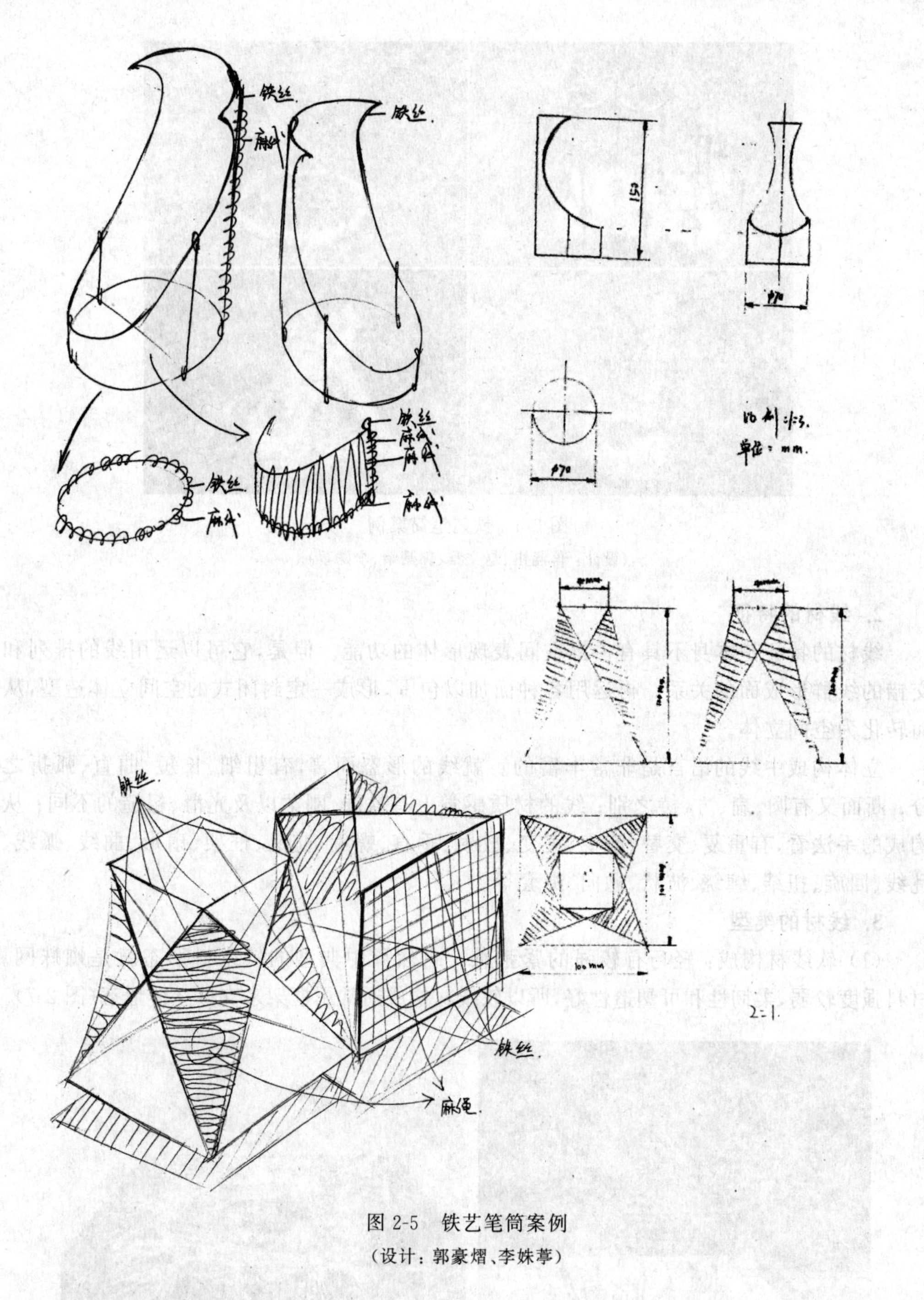

图 2-5　铁艺笔筒案例

（设计：郭豪熠、李姝葶）

二、相关知识

1. 线材的概念

立体构成中的线是有决定长度特征的材料实体，通常称这种材料为线材。线代表相对细长的形态，在线材的构成中，容易产生许多空隙，给人一种轻量和通透的感觉。线材决定形态的方向性，并可以把形象的轻量化表现得淋漓尽致。

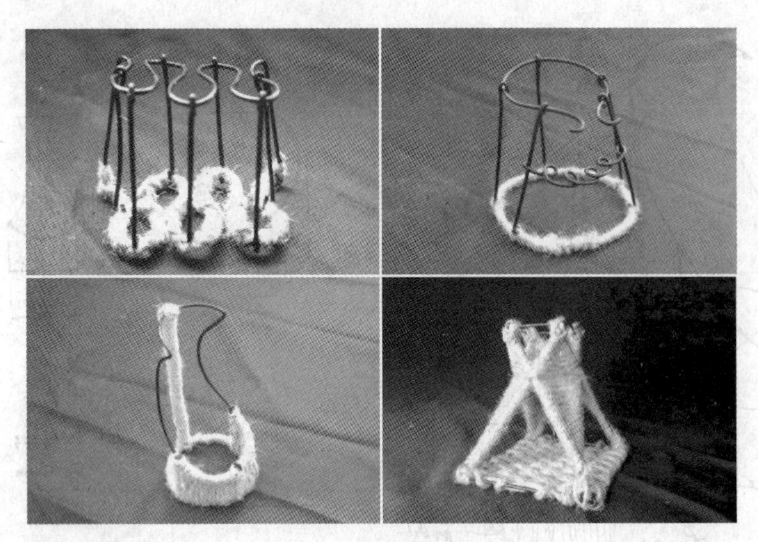

图 2-6　铁艺笔筒案例
（设计：蒋涵祺、赵文雅、郭豪熠、李姝葶）

2. 线材的特征

线材的特征是本身不具有占据空间表现形体的功能。但是，它可以运用线的排列和交错的线群形成面的关系。再运用各种面加以包围，形成一定封闭式的空间立体造型，从而转化为空间立体。

立体构成中线的语言是非常丰富的。就线的形态而言，有粗细、长短、曲直、弧折之分；断面又有圆、扁、方、棱之别；线的材质感觉上有软硬、刚柔以及光滑、粗糙的不同；从构成的手法看，有重复、交替、渐变、突变、放射、垂直、螺旋、交叉、框架、扇形、曲线、弧线、乱线、回旋、扭结、缠绕、波状、抛向、绳套等。

3. 线材的类型

(1) 软线材构成：轻巧有较强的紧张感。自然界中典型的软线材形态就是蜘蛛网。材料强度较弱，柔韧性和可塑造性好，所以软线材构成通常用框架来支撑立体形态(图 2-7)。

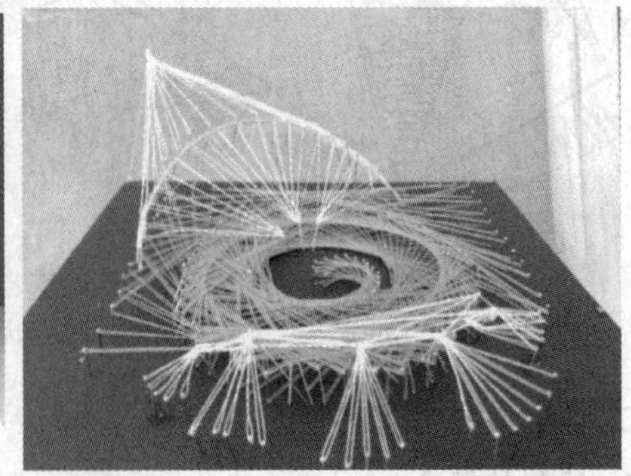

图 2-7　软线材构成作品

软线材包括：①以有一定韧性的板材剪裁出来的线，如铁、铝、纸版、铜板等；②软纤维，如棉、麻、丝、化纤等软线或软绳。

（2）硬线材构成：有强度和有比较好的支撑力，其构成可不依托支架，多以线材排出叠加组合的形式构成，再用黏结材料进行固定（图 2-8）。硬线材构成具有强烈的空间感、节奏感、运动感。

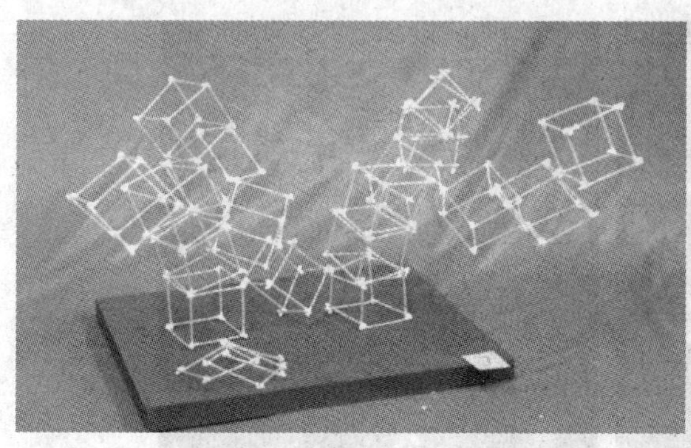

图 2-8　硬线材构成作品

硬线材有木条、金属条、塑料细管、玻璃柱、其他金属等线材。

4. 精益管理

精益管理起源于日本丰田公司。丰田公司通过精益管理的方式来改变员工的行为习惯，保障全员都积极参与生产计划，实现简单快速的生产、提高效率、提升品质以及减少不必要的浪费。

本任务中引入精益管理计划，旨在帮助学生养成良好的工作习惯。一方面要做到根据需要取用材料，在进行创作前充分思考，避免产生过多废材，树立节约意识，杜绝浪费，养成环保的好习惯；另一方面在工作过程中要保持台面的整洁，及时将用过的或者暂时不用的设备放回原位，妥当收纳工具，将日常用具摆放在合理的位置，通过这些良好的行为习惯提高工作效率和工作质量。此外，归置工具也是在整理工作思绪，有助于养成良好的归纳意识以及一丝不苟的工作态度。

环节二　线材构成作品

微课 2-3
线的构成类型

一、具体步骤

第 1 步：通过微课 2-3 学习 4 种线的构成类型，并在纸张上标注图 2-9 中的 4 个作品分别对应何种线的构成类型，同时绘制作品 2 和作品 4 的最小构成单元。

图 2-9　线的构成作品

第 2 步：准备木棒、弯角弹簧钳、白胶、砂纸等工具和材料，并取出工作台面的钢尺、美工刀等工具，搭建如图 2-10 所示的两个构成形态，尺寸自定。要求：排列整齐，边缘光滑，黏结牢固且无溢胶现象。

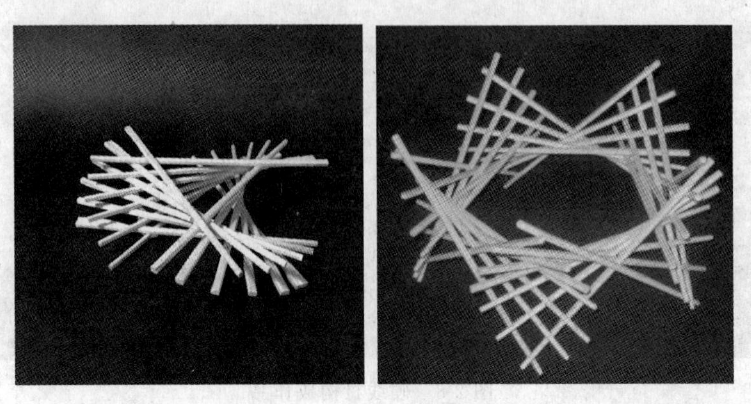

图 2-10 线的构成练习

第 3 步：完成后仔细观察两组造型，从形态、结构、构成方法、制作手法等方面分析它们的相同之处和不同之处，思考它给你带来的感受(每个不少于 100 字)，并记录在纸上。

第 4 步：绘制和制作完成后，分别以 45°视角为两组造型拍摄图纸照片各 1 张，以及拍摄作品相应成果 1 张，请教师考核评分。考核通过进入下一环节，未通过重新绘制(总共可申请两次考核)。

二、相关知识

1. 软质线材的构成方法

(1) 织面构成

利用软线材作为移动的母线，沿着以硬性线材连接的刚性骨架线作为导航移动，从而构成织面构成(图 2-11)。由硬线框的造型来决定线织面的大体形状；通过软线材的织面形式、方法变化来塑造线织面的基本形状。

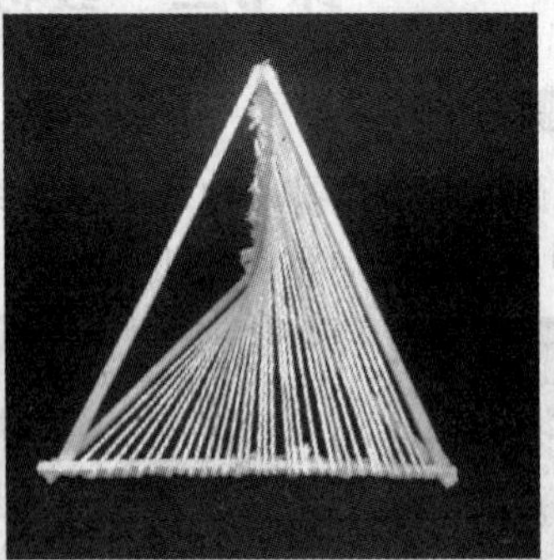

图 2-11 织面构成作品

制作注意事项：作为基体的硬材框架必须相当坚实，织网的线必须绷紧，才有力量感、强度感。软线按照一定的秩序在框架上进行排列，才能在立体框架上获得三维立体的效果，在平面化的框架上，只能产生出二维特征的互相连接的线。

（2）结索构成

结索不必用硬线材作为引拉基体，而是运用软线材以打结的方式而构成不同形状的造型（图 2-12）。结索的基本要素：体、孔及尾。体是圈套部分；孔是扣眼、网眼等栓结部分；尾是孔外的绳头。结索的种类繁多，如单扣、穿扣、死扣、飞扣、偏扣等。

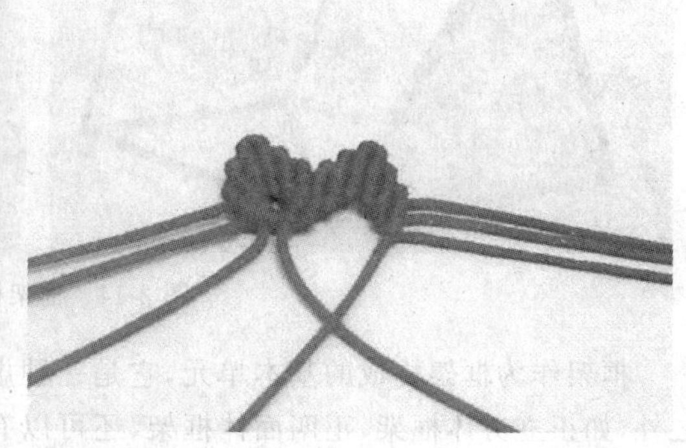

图 2-12　结索构成作品

2. 硬线材的构成方法

（1）垒积构成

垒积构成是指单位硬线材（或者管材）靠重力和接触面间的摩擦力垒积而成的形体（图 2-13）。把硬线材一层层堆积起来，相互间没有固定连接点，靠接触面间的摩擦力维持形态，可以任意改变材料的立体构成。

图 2-13　垒积构成作品

注意：接触面不要过分倾斜，整体的重心不能超出底部的支撑面，要使空隙大小有韵律。作为垒积构造的变形，可以在结合部位进行简单的防滑处理。

（2）框架构成

利用硬线材，按造型规律及艺术法则组合成框架，并以此为单元重新组合而设计、塑造立体造型的构成（图 2-14）。框架可分为平面线框、立体线框和由平面线框插成的立体线框。组合方法有重复、渐变（求心、扩展）、自由组合。

图 2-14 框架构成作品

框架作为框架构成的基本单元，它是一种虚体。框架的形式除了其本身的形状区别之外，如正立方体框架、正四面体框架，还可以有线材的粗细、曲直、线材的形状（方、圆）、长短等方面的变化，从而形成变化无穷的造型单元。

注意：制作时先组合两个，固定后再调整。浮在空中时可以另做辅助支架。

环节三 线框构成草绘

一、具体步骤

第 1 步：准备 60cm×90cm 的 KT 板 1 块，蜡线若干，并准备好剪刀、美工刀、刻刀、锥子、钢直尺等工具，按精益管理的要求摆放于自己的工作台面上（图 2-15）。

第 2 步：观看微课 2-4 学习 KT 板制作技巧（图 2-16）。

微课 2-4 KT 板制作技巧

图 2-15 工具准备

图 2-16 KT 板制作

第 3 步：从图 2-17 提供的 4 幅杭州地标建筑图片中选择一幅，在纸张上用线的元素构绘出建筑形态，并标注硬线和软线。构绘的建筑形态至少包含 3 幅不同视角的视图，其中一幅为透视图，领取的 KT 板大小需要充分考虑设计尺寸，图中需要标注模型尺寸、单位、比例，最终作品不得超过 25cm×25cm×25cm（图 2-18 和图 2-19）。

第 4 步：绘制成后，拍摄相应作品成果正俯视图 1 张，请教师考核评分。考核通过进入下一环节，未通过重新绘制（总共可申请两次考核）。

图 2-17　杭州的地标建筑

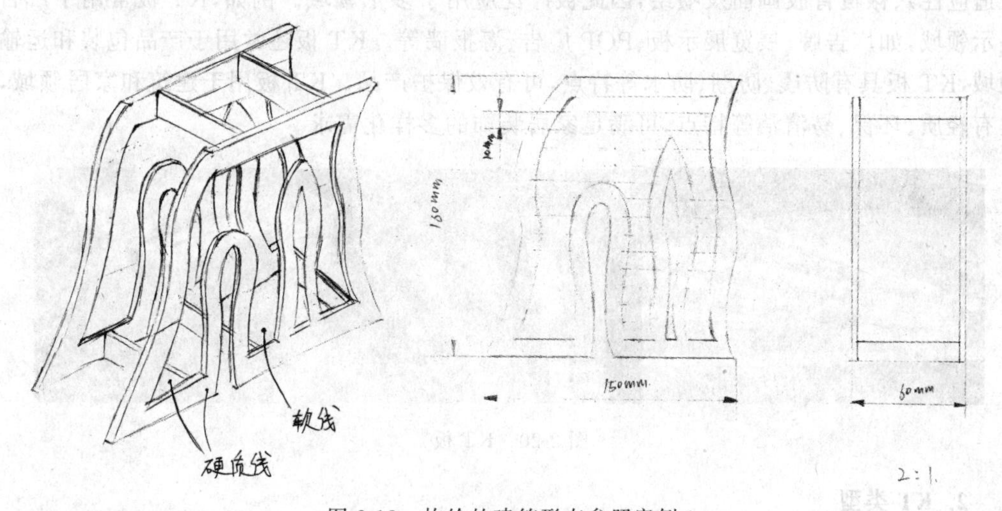

图 2-18　构绘的建筑形态参照案例 1
（设计：孙炫政）

二、相关知识

1. KT 板特质

KT 板（图 2-20）是一种由聚苯乙烯（Polystyrene，PS）颗粒经过发泡生成板芯，经过表面覆膜压合而成的一种新型材料。KT 板具有重量轻、密度低和易裁切加工的特点。同时，KT 板性能稳定，不易变形，具有隔音防潮、保温隔热等作用。但 KT 板也存在强度

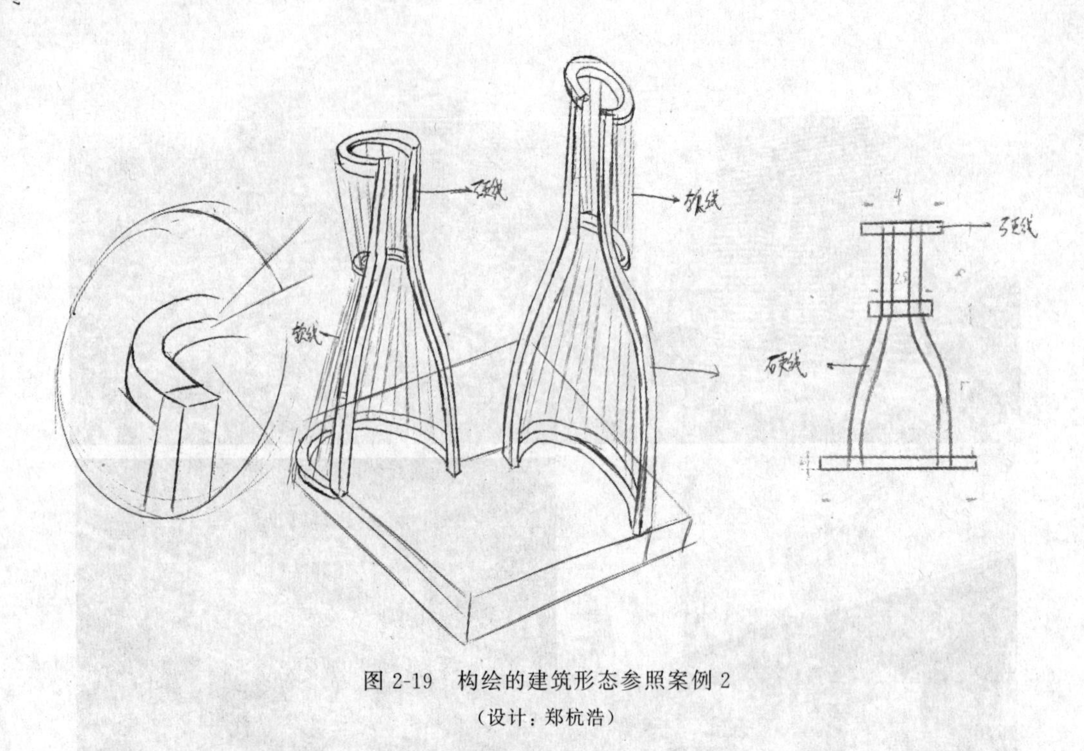

图 2-19 构绘的建筑形态参照案例 2

（设计：郑杭浩）

低、容易变形、起泡等缺点。KT 板可以直接在板上丝网印刷（丝印版）、油漆（需要检测油漆适应性）、裱覆背胶画面及喷绘，因此被广泛应用于多个领域。例如，KT 板常用于广告展示领域，如广告牌、展览展示板、POP 广告、海报墙等。KT 板还常用于产品包装和运输领域，KT 板具有防震、防潮、防水等特点，可有效保护产品。KT 板用于建筑和家居领域，具有轻质、环保、易清洁等特点，可满足家居装饰的多样化需求。

图 2-20 KT 板

2. KT 类型

（1）丝印 KT 板：属于热复合板。工艺要求表面平滑，裱膜必须通过丝印油墨测试才能使用。目前市面上有专门的丝印 KT 板，并且价格不贵。不过目前在广告行业，丝印这种工艺还在发展时期，工艺流程略复杂。

（2）裱画 KT 板：属于热复合板，适合中短期质量要求高的广告制作，同样也会起泡，只不过起泡时间比普通板会长一些。

（3）纸面 KT 板：属于冷复合板，按卡纸的不同也有不同的命名，市场上也没有统一的名称。常用纸有白面灰低卡纸、纯白卡纸、黑色不同克重的纸和卡纸、彩色纸等。

(4) 高密度 KT 板：硬度可达到木夹板一样的硬度，不过厚度只能到 5mm，主要用来做出口级写字板以及一些发泡板玩具。

(5) 冷复板：板面平整，密度较高，适合中长期的写真裱画。

(6) 超卡板：一种改良后的 KT 板，即这种板材在生产过程中，板面上覆的膜不是塑料，而是纸质基材，这种 KT 板能有效杜绝变形，是纸板中应用较广的产品。

3. KT 与 PVC 发泡板的区别

市场上常将 KT 板和 PVC 发泡板混为一谈，这两种板材都大量使用于广告行业，很多销售商将之统称 KT 板，其实是两种不同的板材(KT 板、PVC 发泡板)，它们的区别主要体现在以下几个方面。

(1) 材料不同：KT 板是由聚苯乙烯材料制成的，内部泡沫发泡，外面 PVC 贴面。而 PVC 发泡板是由聚氯乙烯材料制成的，PVC 作为内芯进行发泡，外面也是 PVC 贴面。

(2) 密度不同：KT 板的密度较低，比较柔软，价格便宜。PVC 发泡板的密度较高，比 KT 板重 3～4 倍，价格也贵 3～4 倍，较为坚硬。

(3) 强度不同：KT 板的强度较低，更容易变形或破损，不适合用于制作复杂的模型建筑。PVC 发泡板的强度比 KT 板高，更加坚硬耐用，常用来制作模型建筑。

(4) 加工方式不同：KT 板可用切割、裁切、黏合等方式加工制作，而 PVC 发泡板则可用切割、热成型、焊接、黏结等方式加工制作。

KT 板和 PVC 发泡板虽然都是常用的广告板材，但在材料、密度、强度和加工方式等方面都有所不同，需要根据具体需求进行选择。

4. KT 板制作技巧

KT 板有多种切割方式，如手工切割、激光切割、电热丝切割等。如果使用 KT 板制作一些较为简单规则的形状，如矩形、三角形、星形、圆形时，可以直接使用美工刀搭配广告尺或钢尺进行手工切割。使用美工刀切割时，刀片不要垂直于 KT 板，而是应该与 KT 板成锐角，尽量一次成型，避免重复切割导致边缘不平滑。

如果使用 KT 板制作一些较为复杂的形状，但量少或要求不高时，可以使用美工刀手工切割，但切割边缘会比较毛糙，不平滑，影响美观度。如果对于成品的要求较高，可以选择激光雕刻，制作的精准度和效率会大大提高。在激光雕刻时，需要将激光的功率调低，速度调快，以避免 KT 板熔化或燃烧。

KT 板也可用于喷漆、丝印等。但是因为 KT 板本身密度轻，强度不高，相同的工艺下，使用 PVC、双色板、亚克力等板材，可以取得更好的效果。

环节四　建筑模型制作

微课 2-5 建筑模型示范

具体步骤如下。

第 1 步：观看微课 2-5 学习模型制作的基本流程。

第 2 步：将环节一确定的建筑形态分解成可切割的块状构件，绘制在 KT 板上，确保构件尺寸准确，特别注意绘制构件与构件之间的插接口。

第 3 步：使用工具(主要为美工刀和钢尺)将构件平整地切割下来，保证曲线的顺滑和直线的平直，可配合使用椭圆尺。

第 4 步：使用打孔锥子在需要穿线的 KT 板构件上开凿小孔，然后按设计草图将建筑模型组装完毕。

第 5 步：完成后，将作品摆放在工作台面上，请教师进行考核评分，考核通过进入下一环节，未通过则重新制作（总共可申请两次考核）。

环节五　整理提交作品

具体步骤如下。

第 1 步：将工作台面整理干净，工具完好无缺摆放在规定位置，剩余材料进行整理归纳入库。

第 2 步：将作品和相应成果资料整理好摆放于台面上，等待教师根据考核标准进行考核。

评价考核

1. 阶段性测评

为检测学生对于每一环节专业知识与操作的掌握，各环节设有考核，把任务的知识点学习和训练进行分解，分阶段有序地检查反馈，确保学生能掌握每一环节的知识点与操作技能，为达成任务总体学习目标做好保障。只有完成环节测评并合格，才能进入下一环节的学习，不合格者将重新进行学习与考核。

2. 终结性评测

所有环节完成，才能进入任务终结性评测。终结性评测以教师综合评价和综合测试相结合的方式。

（1）教师综合评价

教师将依据表 2-1 考核评分表，对学生的学习态度、工作习惯和作品质量进行总体评价，60 分以上合格，合格才能进入下一任务的学习。

表 2-1　考核评分表

序号	内容及标注		配分	自评	师评
1	线的空间体验（20 分）	图纸规范清晰，设计具有原创性	5		
		铁艺笔筒形态反映线的特点和构成	5		
		铁艺笔筒尺寸在规定范围内	5		
		铁丝之间连接制作精良	5		
2	线的构成练习（10 分）	与图片形态符合	5		
		黏结处稳定且无溢胶	5		
3	线框构成草绘（15 分）	草图视图数量符合要求且能表达设计	5		
		线的构成特征明显，排布均匀	5		
		草图能够反映原建筑特征	5		
4	建筑模型制作（30 分）	建筑模型与设计草图一致	5		
		板材切面规整，胶接合理	10		
		线材构件间隙均匀	5		
		建筑模型整体能够体现线的框架构成	10		

续表

序号	内容及标注		配分	自评	师评
5	课堂表现（15分）	遵守工作站学习秩序和学习纪律	5		
		参与任务实施的积极性较高	5		
		跟随教师引导认真完成任务	5		
6	安全规范（10分）	工具摆放整齐	2		
		工作台面整洁	2		
		在安全要求下使用工具	3		
		节约材料和爱护工具	3		
总分					

（2）综合测试

综合测试以客观量化题为主，满分100分，考核分数达到90分才能进入下一任务的学习，否则继续学习直至达到90分以上为止，总共可申请两次考核。

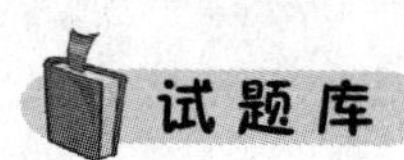

试题库

一、选择题

1. 下列属于软质线材的构成方法的是（　　）。

A. 垒积构成　　B. 框架构成　　C. 织面构成

2. 下列属于硬质线材的构成方法的是（　　）。

A. 垒积构成　　B. 结索构成　　C. 织面构成

3. 生活中我们见到的铁链、麻绳、钢丝等“线”的形态是从线的（　　）来理解线的。

A. 自身形态　　B. 两端形态　　C. 总体形态

4. 下列构成作品与构成方法对应正确的是（　　）

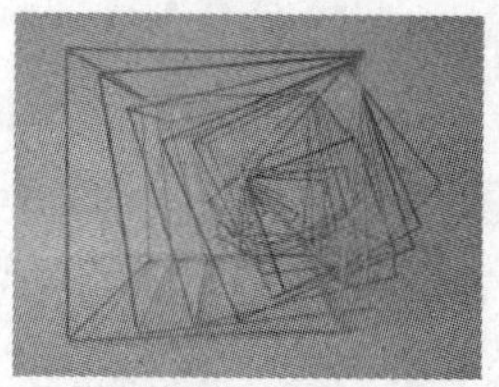

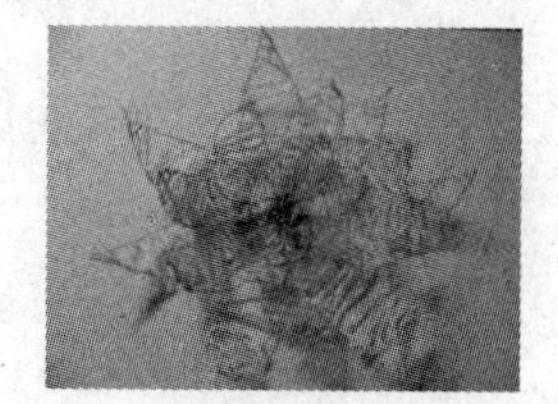

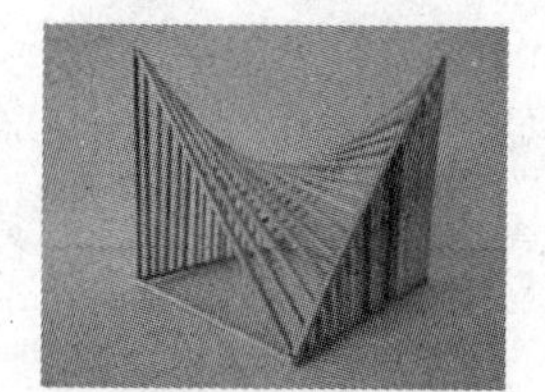

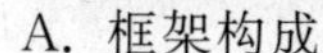

A. 框架构成　　B. 结索构成　　C. 线群构成

5. 下列描述中不属于硬质线材构成制作过程中需要注意的是（　　）。

A. 需要按照一定的秩序在框架上进行排列

B. 接触面不要过分倾斜，整体的重心不能超出底部的支撑面，要使空隙大小有韵律

C. 制作时先组合两个，固定后再调整

二、判断题

1. KT板又称雪弗板，是一种由聚苯乙烯颗粒经过发泡生成板芯，经过表面覆膜压合而成的一种新型材料，板体挺括、轻盈、不易变质、易于加工。　　（　　）

2. KT板和PVC发泡板这两种板材都大量使用于广告行业。 （ ）

3. 柳宗理、深泽真人、佐藤大、草间弥生都是日本20世纪的著名工业设计师。（ ）

4. 在设计织面构成时，作为基体的硬材框架可以不必相当坚实，但织网的线必须绷紧，才有力量感、强度感，软线按照一定的秩序在框架上进行排列。 （ ）

5. 立体构成中的线是有决定长度特征的材料实体。 （ ）

6. 在佐藤大的设计作品中，可以看出他主张要排除一切，追求在生活中最舒适最有机能性的感觉，并且深入日本的民间生活，在民间工艺中发现人类生活的根本和真正人性化的源泉。 （ ）

7. 有些类型的KT板硬度可以达到木夹板一样的硬度。 （ ）

任务三 Task 3

柱体表情——面的构成

任务目标

总目标：

学会将人的表情和情感图形化，应用这些图形化元素和柱面构成方法，采用纸材，设计并制作一组柱面造型。

分目标：

(1) 能够赏析生活和设计中立体构成作品，辨别产品中面材的特点、结构和工艺；

(2) 能够应用插接构造、层次排列、薄壳构造等方法制作面的立体构成作品；

(3) 能够应用柱面构成方法设计制作柱面造型，并感受折纸手法在设计中的应用；

(4) 能够通过对纸材处理的训练，获得灵活应用、处理纸材质的能力。

建议学时：

12 课时。

任务背景

折叠技术被许多产品设计师广泛用于将 2D 板材制作成 3D 的形式，使产品实现更简单和更直观的解决方案成为可能。折叠技术在产品设计中流行主要有两个原因，一是具有创造性的结构和极佳的承载能力，二是可以产生美观并可展开的造型形式。用折纸的方法进行设计，有利于体现对于形体多样性的把控，从而定义空间的无限可能性。例如，国内一个具有代表性的文创品牌——故宫博物院和北京广播电视台的电视节目《上新了故宫》所设计的御猫 R 型灯。

故宫早在 2008 年就开始制作文创，但那时对文创的理解受限，只是单纯地制作复刻品，如书画、瓷器等，并且价格昂贵，鲜有人购买。直到 2013 年故宫文创开始打破从前的发展方向，推出了“朕知道了”系列创意胶带，在网上爆火后，又推出了一系列文创活动和产品，才开始了故宫文创一路领先的景象。

R 型骨架加上 360°翻转百叶设计，完全展开就是一盏富有古典韵味的小台灯（图 3-1）。

这款 R 型灯的设计灵感就来源于故宫的御猫鲁班、鲁达，每一种生动的姿态都是鲜活的表达。灯面虽然看起来像薄薄一层纸，但其实它用的是环保杜邦纸材质，不仅防水、耐热而且耐撕扯，高韧性赋予产品更顺畅的开合体验。

图 3-1　御猫 R 型灯

在此之前《上新了故宫》节目中还介绍了一款锦鲤灯，灵感源自故宫藏品——五彩鱼藻纹盖罐，将珍贵藏品上的锦鲤鳍清晰再现在灯具上，赋予了整款灯别样的光彩与韵味。和家人、朋友一起，动手 DIY 一个立体纸艺灯，看到一个一个小零件在手上变成一盏包含祝福情谊的夜灯，也是很有意义的。

了解了故宫文创的各类灯具案例，不难发现面的构成即形态的构成。面的构成方式很多，包括基本格式排列构成、重复构成、近似构成、渐变构成、放射构成、空间构成、特异构成、密集构成、对比构成、肌理构成等，形式与方法非常丰富。本任务通过最简单的纸材来理解和设计面的构成。

任务描述

本任务是设计并制作一组柱面表情。首先，学生要学习立体构成中面的概念和特点，其次利用提供的材料设计并制作一组麦比乌斯曲面造型，感受造型中如何进行知觉判断，教师需要考核作品中力感是否表现恰当。然后，学生需要学习面的构造类型并判断作品中面的构造类型，其中还要重点学习柱面的构造方法。最后，学生需要从人的表情或情感出发设计一组柱面表情并使用纸材进行制作，从而掌握面的构成特点和构成方法。

任务实施

环节一　面的概念学习

微课 3-1
面材的概念

一、具体步骤

第 1 步：观看微课 3-1 学习面材的特征，了解面材的构成形式。

第 2 步：在相应的纸上，使用黑色签字笔绘制 4 根直线（可使用直尺），使其形成一个面，绘制至少 3 种以上方案。

二、相关知识

1. 面材的概念

应用各种类型的面(直面或曲面),按一定的规律和方式来组织这些面形成面立体构成。面材是极富表现力的材料形态,面材的加工方式和构形特点决定了其表现为结构的隐蔽和材料形态特征的多样化。

点的扩大与集合,线的宽度增加与集中、平移、翻转均可产生面的感觉(图 3-2)。

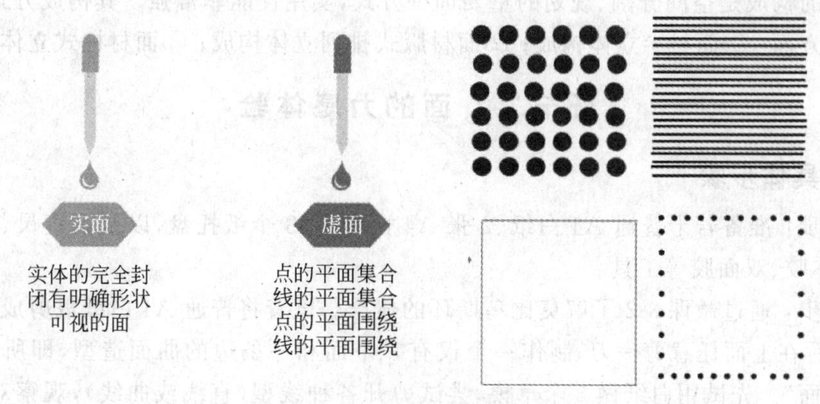

图 3-2　面材的概念

2. 面材的特征

在三维空间里,面是实实在在的,它既有平面的视觉感受,还有立体状态下的触觉感受。

面材的种类有规则面和非规则面两种,实际应用时可以分为平面和曲面两类。

(1) 平面包括规则外形平面和不规则外形平面。

(2) 曲面包括规则的几何形外形曲面和不规则的自由形外形曲面。

3. 平面中面的构成形式

面的常见构成形式如图 3-3 所示。

(1) 分离:互不相碰。

(2) 相遇:也称相切,边缘恰好相碰,形成新的形状,形象变得丰富而复杂。

图 3-3　面的构成形式

(3) 覆叠：一个形象遮挡住另外一个形象的一部分，形成了面与面之间的前后关系和上下的层次感。

(4) 透叠：重叠的部分形象具有透明性。

(5) 差叠：交叠所产生的新形象被强调出来。

(6) 相融：联合起来，成为一个较大的形象。

4. 立体构成中面的构成形式

面材的构成是空间分割、规划的重要训练方式，实用性能非常强。其构成方式主要表现在以下方面：①面材半立体构成；②面材版式排列立体构成；③面材柱式立体构成。

微课 3-2
莫比乌斯环

环节二　面的力感体验

一、具体步骤

第 1 步：准备若干普通 A4 白纸、2 张 A4 白卡纸、3 个纸托盘，以及钢直尺、剪刀、美工刀、固体胶、双面胶等工具。

第 2 步：通过微课 3-2 了解莫比乌斯环的概念。试着将普通 A4 白纸裁剪成 15cm×15cm，然后在上面任意剪一刀，制作一个仅有一个面和一条边的曲面造型，即所谓的“莫比乌斯曲面”。先试用白纸做 5 个草模，尝试剪开各种线型（直线或曲线），观察对整体造型及曲面的影响。

第 3 步：主动找教师讨论，优选其中 3 个方案，先在相应的纸张上绘制平面展开图，比例自定，尺规作图，并在展开图下面标注表达的力感，如图 3-4 所示。然后用白卡纸制作 3 个方案，注意 3 个方案能分别显著表现旋动、飞跃、翻卷、生长中的任意 3 个不同力感，然后将其分别固定在纸盘上，注意做到每个方案只切/剪一刀，不得漏胶，褶皱，无损，如图 3-5 和图 3-6 所示。

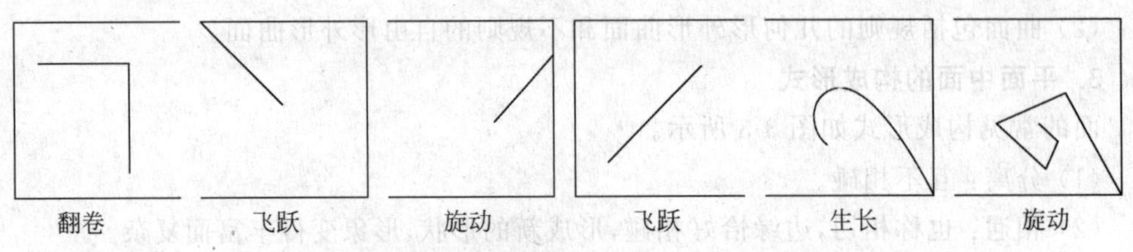

图 3-4　面的力感体验平面展开案例
（绘制：楼佳瑶、高沈烊）

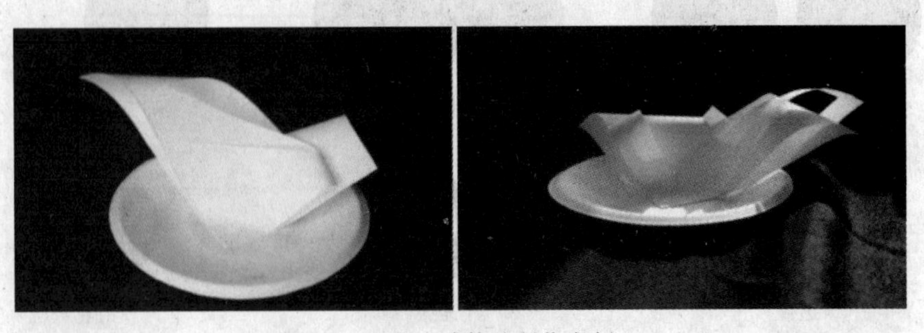

图 3-5　面的力感体验制作案例一
（设计：王文涛）

图 3-6　面的力感体验制作案例二

（设计：张叶瀚）

第 4 步：完成后在纸盘正面工整写上表达的力感，背面写上自己的姓名、日期，并将作品摆放工作台上，请教师进行考核，考核通过进入下一环节，未通过则重新制作。

二、相关知识

变形会形成视觉偏离，产生具有强烈运动感的结构，如旋动、飞跃、翻卷、生长等。

1. 旋动

带有速度感和方向性的，并呈现有规律的、螺旋式运动轨迹的曲面构形（图 3-7）。

图 3-7　旋动

2. 飞跃

概念上有空气和水的作用，呈现出圆润流畅和轻巧自如的曲线，在构形上常常有 V 的形象特征（图 3-8）。

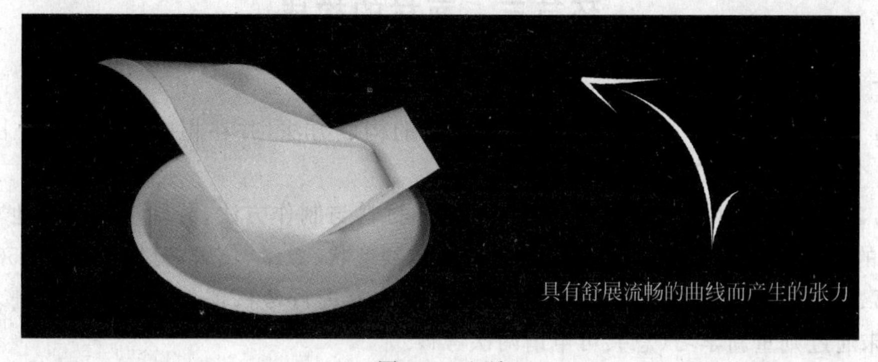

图 3-8　飞跃

3. 翻卷

在视觉上具有不稳定的心理力场，呈现出流动委婉、复杂多变特性的曲面构形（图 3-9）。

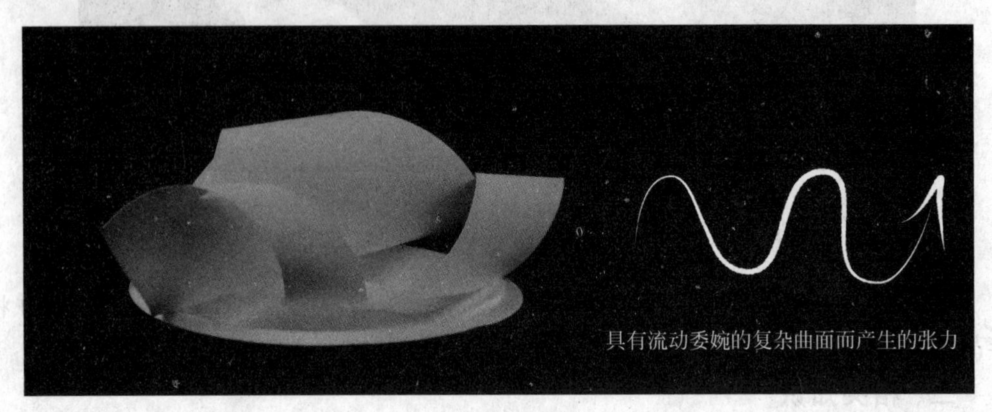

图 3-9　翻卷

4. 生长

体现生命存在的发展趋势，伴随着节奏感和韵律感，并在相似的形态上呈现变化的过程，如大小、方向、积聚、放射、排列等，如图 3-10 所示。

图 3-10　生长

微课 3-3
面材的构成方法

环节三　面材的构成

一、具体步骤

第 1 步：通过微课 3-3 学习 3 种不同面材的构成方法，并在相应纸张中标注图 3-11 中的 8 个作品分别应用了何种面的构成方法。

第 2 步：分析图 3-11 中图 2 和图 5 的制作材料与制作方法，分别清晰详细地写出这 2 个面的构成作品的制作步骤。按条书写，具体到形状、数量、位置，分别不少于 150 字。

第 3 步：书写完成后，请教师对作品成果的内容进行考核评分。考核通过进入下一环节，未通过则重新学习（总共可申请两次考核）。

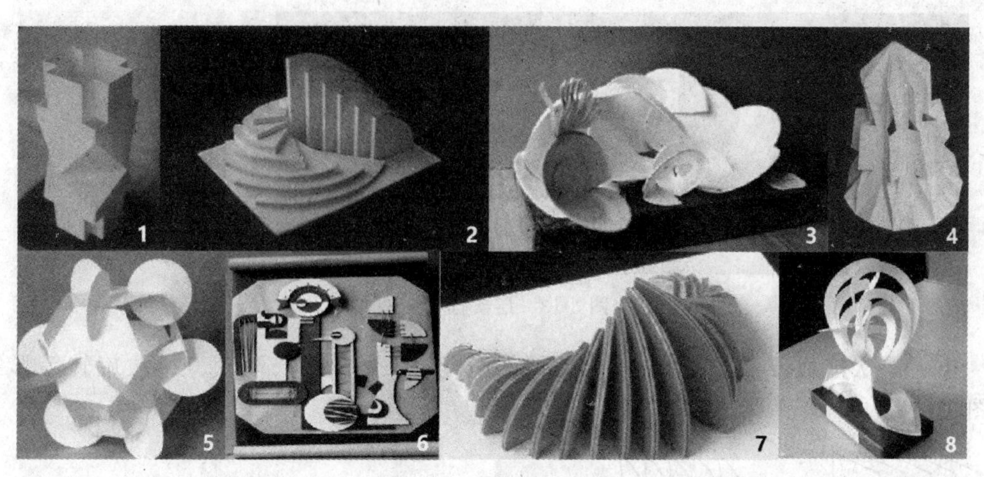

图 3-11　面的构成作品

二、相关知识

面材的构成方法如下。

1. 插接构造

插接构造主要研究面与面之间的构造节点。在单元面材上切出插缝(相互插接的面材各自切割插缝长度的一半),然后互相插接,并通过相互钳制而成为立体形态(图 3-12)。

图 3-12　插接构造案例

插接构造制作注意事项:单元面的形状、插缝的位置(上下、左右、内外、长短)和宽窄,要根据卡纸的厚度以及预想形态的成型需要而定;不用插缝,采取榫眼、扣结的卡纸插接,造型更加活泼潇洒;如果用折叠的开型作交错的插接,则可以创造更独特的结构形态。

2. 层次排列

层次排列是用若干直面(或曲面)在同一平面上进行各种有秩序的排列而形成的立体形态(图 3-13)。面形的确定应根据整体的构思而构成,但要注意基本平面的简洁以及组合后的丰富变化。

(1) 层次排列材料:吹塑纸、厚纸板、KT 板、有机玻璃、塑料面板等材料。但这些材料中有的价格较高,且加工时需要一定设备和工具。吹塑纸、厚纸板使用方便,相比之下,吹塑纸、KT 板效果较好。

图 3-13　层次排列案例

（2）层次排列方法：直线、曲线、折线、分组、错位、倾斜、渐变、放射、旋转等形式（图 3-14）。

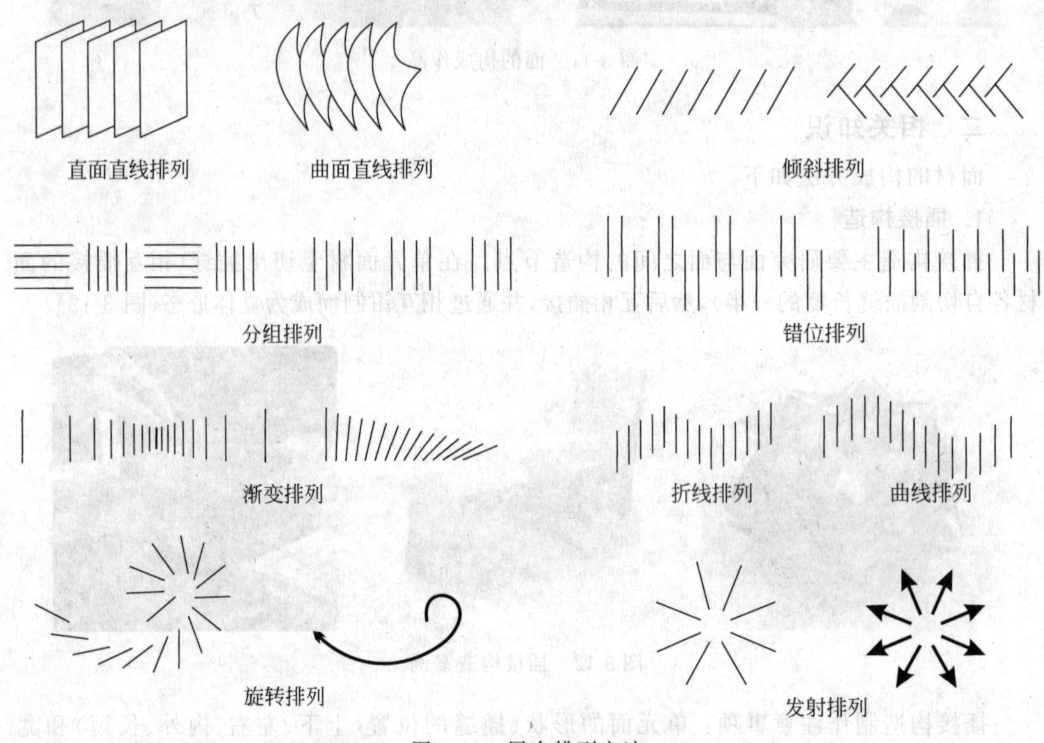

图 3-14　层次排列方法

3. 壳体构造

壳体构造所采用的曲面形式，按其形成的几何特点可以分为旋转曲面、平移曲面、直纹曲面，以及这些曲面的综合，故有简单壳体和复杂壳体（柱体）（图 3-15）。但无论哪种壳体，都是空腹的立体形态。

壳体构造制作注意事项：简单的壳体必须固定成型，其固定形式对造型有重要影响，复杂壳体则必须探索皱纹的变化（从纸的皱纹中发现并整理成几何形状）；纸要折得漂亮，需预先在折棱的位置上用小刀或铁笔划出一条筋；封闭的曲线或折线不能制作壳体，壳体的折棱必须是开口形，即必须有一边能够收缩，否则是不能隆起来的；根据构造位置的不同，壳体构造可分为柱端变化、柱面变化、柱棱的变化、柱体的变化、组合变化。

图 3-15　壳体构造案例

环节四　柱体表情绘制

一、具体步骤

微课 3-4
柱体的构成方法

第 1 步：观看微课 3-4 学习柱体的构成方法和柱面的制作技巧，设计一系列(4 个)柱体变化的纸筒(圆柱或方柱)，必须运用柱面折叠、切割透刻、切割拉伸和切割折叠 4 种柱面变化类型，且 4 个纸筒有相似元素，能够使之成为一个系列。

第 2 步：先在相应的纸张上绘制人的大笑、愤怒、紧张等面部表情，再抽象成简单形状或线条，优选其中的 4 个方案作为线稿，要求不得参照网络表情，自创形态，形成统一风格，线条流畅，参考图 3-16。

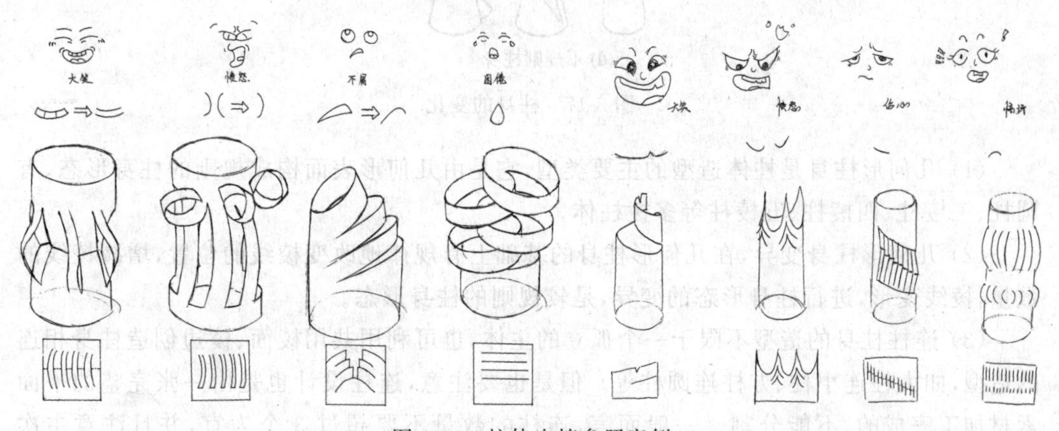

图 3-16　柱体表情参照案例

(设计：赵文雅、徐锐麒)

注意：绘制的立体图为透视立体图，绘制平面展开图的时候，用实线表示切口，用虚线表示折痕，后续的制作需要与其相符。

第 3 步：绘制完成后，请教师对学生成果进行考核评分。考核通过进入下一环节，未通过则重新绘制(总共可申请两次考核)。

二、相关知识

柱体的变化分为柱身、柱头、柱面、柱棱。

1. 柱身的变化

柱身是构成的主体部分,柱面、柱棱、柱端变化都是围绕柱身的造型进行的。因此,柱身的造型是决定整体造型的关键。由于柱身是三维空间状态,所以柱身的变化非常丰富,可以概括为以下几类(图 3-17)。

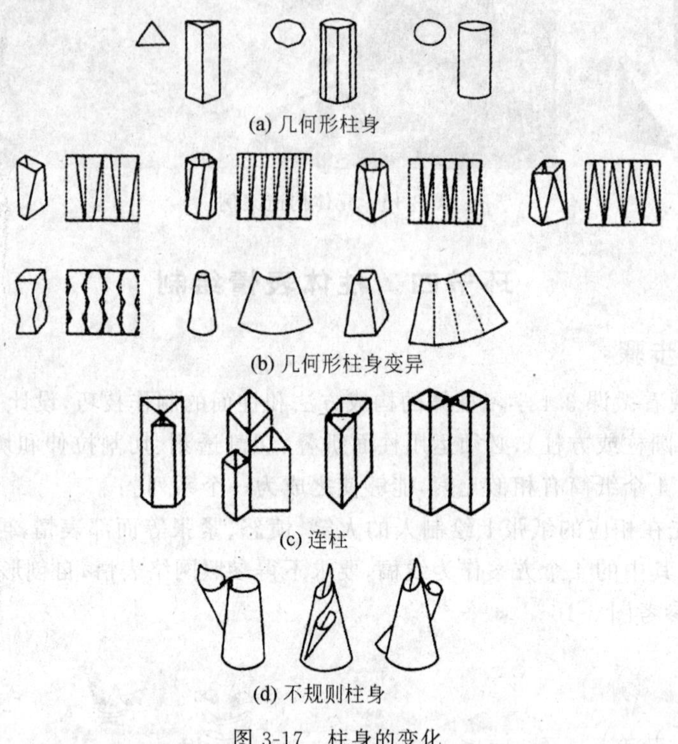

(a) 几何形柱身

(b) 几何形柱身变异

(c) 连柱

(d) 不规则柱身

图 3-17 柱身的变化

(1) 几何形柱身是柱体造型的主要类型,它是由几何形表面构成规则的柱身形态,有圆柱、三棱柱、四棱柱、五棱柱等多棱柱体。

(2) 几何形柱身变异,在几何形柱身的基础上有规律地改变棱线的位置,增减棱线的数量,棱线变形,进行柱身形态的变异,是较规则的柱身形态。

(3) 连柱柱身的造型不限于一个孤立的主体,也可利用共用棱面、棱边创造柱身相连的造型,如大柱连小柱、方柱连圆柱等。但是也要注意,连柱设计也是由一张完整的平面素材加工完成的,不能分割。一般而言,连柱的数量不要超过 3 个为宜,并且注意主次分明。

(4) 不规则柱身表现为不规则的形态,由平面素材任意弯曲或折屈而成,相对规则几何形而言,更显自由、随意,有时可借助平面素材弯曲主体后剩余的面材在主体上附加一个小的形态或者做成其他的形态。

2. 柱棱的变化

棱线是棱柱构成中变化最丰富的部位。在棱角部位可以进行切割压曲构成方法,使部分棱角凹陷,产生高低点位置变化,创造出小的空间。

通过压屈或切割折屈柱棱单线变复线,即改柱单线为双线。

3. 柱面的变化

柱面为一平整表面，要使它产生丰富的变化，可以通过折叠、折曲、切割(不限于纵向直线切割，也可横向、斜向，作折线、弧线切割)、拉伸的方法进行造型(图 3-18)。

(1) 柱面折叠：完全使用折叠的方式加工柱面。

(2) 切割透刻：将柱体表面的部分去除，产生镂空效果。

(3) 切割拉伸：将切割的部分拉伸离开柱体表平面，再进行折屈、弯曲造型，也可使柱形表面形成丰富的装饰效果。

(4) 切割折叠：将柱面做切割之后，对切割部位进行折叠的一种造型方法。

4. 柱头的变化

在棱柱的顶端和底端的不同部位，如棱线或柱面部分进行折叠、弯曲和切割的加工，使柱端缩小、闭合、分叉等。柱头变化还可以是在柱端上添加其他立体造型(图 3-19)。

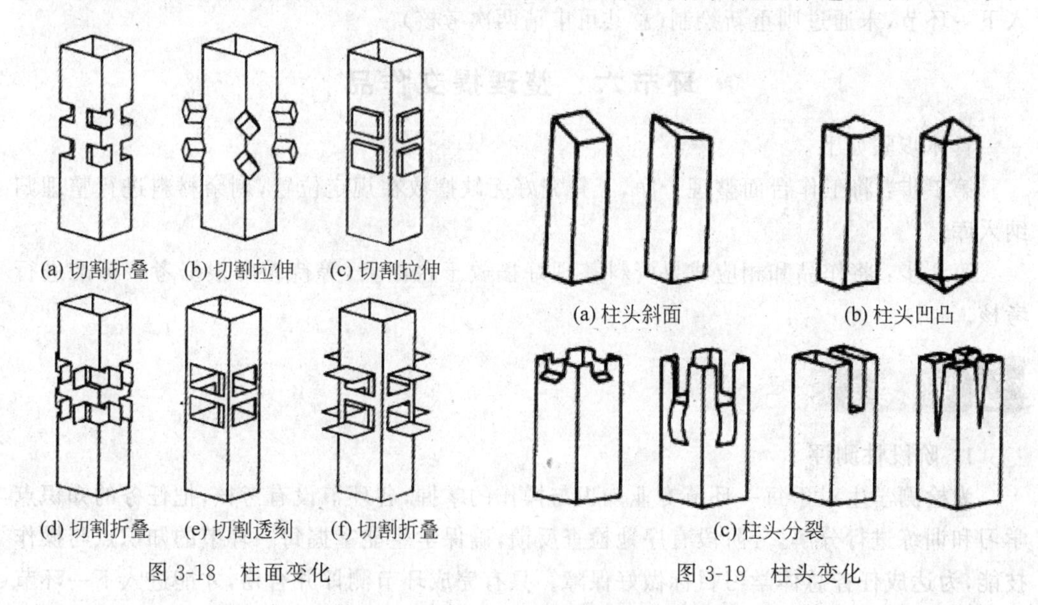

(a) 切割折叠　(b) 切割拉伸　(c) 切割拉伸

(d) 切割折叠　(e) 切割透刻　(f) 切割折叠

图 3-18　柱面变化

(a) 柱头斜面　(b) 柱头凹凸

(c) 柱头分裂

图 3-19　柱头变化

环节五　柱体表情制作

微课 3-5
柱体模型示范

具体步骤如下。

第 1 步：观看微课 3-5 学习柱体模型的制作基本流程。

第 2 步：准备 4 张 A4 白色卡纸和 1 张 A4 黑色卡纸，以及剪刀、美工刀、刻刀、钢直尺、固体胶、双面胶等工具。

第 3 步：使用尺规作图将确定方案分别绘制在 4 张白卡纸上，要求圆柱体、圆锥体直径为 6cm，立方体、四棱锥边长为 5cm，高度均为 18cm(注意预留黏结边缘)。

第 4 步：将上一步骤绘制好柱体制作线条的白卡纸，利用切开、弯曲、折叠等手段完成柱体表情的制作(注意制作手法与展开图一致)。

第 5 步：利用 A4 黑色卡纸制作 271cm×184cm×8cm 的底座，将柱体粘贴完毕后固定在黑色卡纸上，参考图 3-20。

图 3-20 柱体表情参照案例

（设计：田鑫豪、李姝葶）

第 6 步：制作完成后，将作品摆放在工作桌面上，请教师进行考核评分。考核通过进入下一环节，未通过则重新绘制（总共可申请两次考核）。

环节六 整理提交作品

具体步骤如下。

第 1 步：将工作台面整理干净，工具完好无缺摆放在规定位置，剩余材料进行整理归纳入库。

第 2 步：将作品和相应成果资料整理好摆放于台面上，等待教师根据考核标准进行考核。

评价考核

1. 阶段性测评

为检测学生对于每一环节专业知识与操作的掌握，各环节设有考核，把任务的知识点学习和训练进行分解，分阶段有序地检查反馈，确保学生能掌握每一环节的知识点与操作技能，为达成任务总体学习目标做好保障。只有完成环节测评并合格，才能进入下一环节的学习，不合格者将重新进行学习与考核。

2. 终结性评测

所有环节完成，才能进入任务终结性评测。终结性评测以教师综合评价和综合测试相结合的方式。

（1）教师综合评价

教师将依据表 3-1 考核评分表对学生的学习态度、工作习惯和作品质量进行总体评价，60 分以上合格，合格才能进入下一任务的学习。

表 3-1 考核评分表

序号	内容及标注		配分	自评	师评
1	面的力感体验（15 分）	仅用一个面一个边制作	5		
		曲面反映了对应的力感主题	5		
		造型具有创新和美感	5		

续表

序号	内容及标注		配分	自评	师评
2	柱体表情绘制（20 分）	草图视图数量符合要求且能表达特征	5		
		线稿尺规绘制，排布均匀	5		
		草图能够反映表情特征	10		
3	柱体表情制作（30 分）	柱体模型与设计草图一致	5		
		裁剪或折压的线条规整	10		
		模型尺寸符合要求	5		
		模型按要求应用了不同的柱面类型	10		
		模型具有创意和美感	10		
4	课堂表现（15 分）	遵守工作站学习秩序和学习纪律	5		
		参与任务实施的积极性较高	5		
		跟随教师引导认真完成任务	5		
5	安全规范（10 分）	工具摆放整齐	2		
		工作台面整洁	2		
		在安全要求下使用工具	3		
		节约材料和耗材	3		
总分					

(2) 综合测试

综合测试以客观量化题为主，满分 100 分，考核分数达到 90 分才能进入下一任务的学习，否则继续学习直至达到 90 分以上为止，总共可申请两次考核。

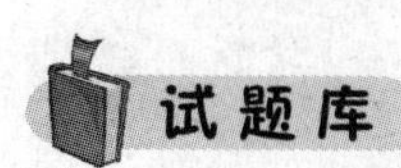

试题库

一、选择题

1.（　　）技术被许多产品设计师广泛用于将 2D 板材制作成 3D 的形式。

A. 切割技术　　B. 粘连技术

C. 折叠技术　　D. 加厚技术

2. 以下（　　）平面中面的构成形式描述是错误的。

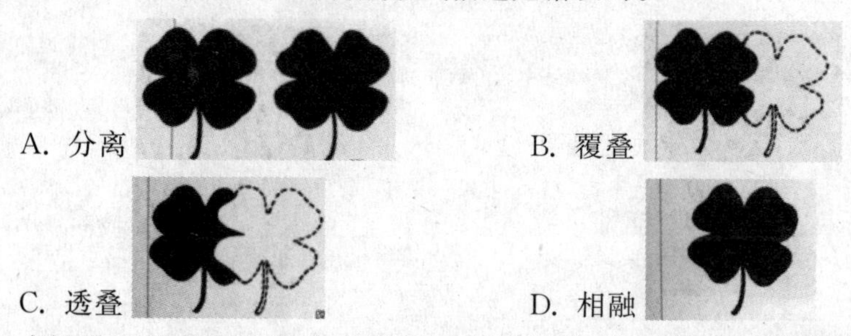

A. 分离　　B. 覆叠

C. 透叠　　D. 相融

3. 在视觉上具有不稳定的心理力场，呈现出流动委婉、复杂多变特性的曲面构形表现出（　　）力感。

A. 旋动　　B. 翻卷

C. 生长　　D. 飞跃

4．壳体构造所采用的曲面形式，按其形成的几何特点可以分为：旋转曲面、平移曲面、(　　)，以及这些曲面的综合。

A．直纹曲面　　B．波纹曲面

C．相切曲面　　D．对称曲面

5．将切割的部分拉伸离开柱体表平面，再进行折屈、弯曲造型，也可使柱形表面产生丰富的装饰效果，这形容的是(　　)造型方式。

A．柱面折叠　　B．切割透刻

C．切割折叠　　D．切割拉伸

二、判断题

1．面材的种类有规则面和非规则面两种，实际应用时可以分为平面与曲面两类。(　　)

2．壳体构造可分为柱端变化、柱面变化、柱棱的变化、柱体的变化、组合变化。(　　)

3．插接构造主要研究线与面之间的构造节点。在单元面材上切出插缝(相互插接的面材各自切割插缝长度的一半)，然后互相插接，并通过相互钳制成为立体形态。(　　)

4．柱体的变化分为柱身、柱头、柱面、柱线、柱棱。(　　)

5．折叠技术在产品设计中流行主要有两个原因：一是具有创造性的结构和极佳的承载能力，二是可以产生美观并可展开的造型形式。(　　)

任务四 Task 4

手握工具——块的构成

任务目标

总目标：

观察和体验生活中常用的手握工具，应用块的构成的造型原则和手部人机工程设计原则，解决水果刀刀柄使用中的某个问题，并使用硬质聚氨酯泡沫制作水果刀原型。

分目标：

(1) 能够识别生活和设计中存在的不同的块的构成；

(2) 能够说出聚氨酯泡沫材料的特点，并学会使用锉刀、砂纸等泡沫原型制作工具；

(3) 能够在造型设计中初步应用人机工程学知识。

建议学时：

12 课时。

任务背景

贝聿铭(图 4-1)，华裔建筑大师，1917 年出生于广东，先后在宾夕法尼亚大学、麻省理工学院、哈佛大学建筑研究所等优秀院校攻读建筑学。在贝聿铭投身建筑行业的 70 多年时间里，他设计的大型建筑超过百项，获奖 50 次以上，其中就有美国建筑学会金奖、法国建筑学金奖、日本帝赏奖这些重量级的奖项，美国建筑界更是宣布 1979 年为“贝聿铭年”，其本人被誉为“现代建筑的最后大师”。贝聿铭的作品以公共建筑为主，其中有不少成为当地著名的地标性建筑，例如卢浮宫“金字塔”、美国华盛顿国家美术馆东馆、中国苏州博物馆新馆(图 4-2)等。

图 4-1 贝聿铭

其中，苏州博物馆新馆更是贝聿铭先生的收官之作。苏州博物馆于 1960 年建馆，由贝聿铭于 1999 年设计苏州博物馆新馆。博物馆的设计在形式、功能、选材上都体现了中式

图 4-2　苏州博物馆

古典和现代理念的结合。博物馆整体上以利落的现代化几何建筑线条构成，为了能和周围建筑更好地保持一致，贝聿铭在对苏州博物馆进行设计的时候，保留了苏州古建的斜坡式元素进行创作，整个建筑看起来简洁大方，立体空间感十足。同时，苏州博物馆的设计又保留了中国传统园林的元素，将博物馆置于院落之中，设计了各具特色、大小不同的庭院。此外，在建筑材料上，贝聿铭选择了一种名叫"中国黑"的花岗石，其色黑中带灰，淋雨时是黑色，日晒后却呈灰色。深灰色的屋面与白墙相称，使得整个建筑清新雅致，与粉墙黛瓦的传统苏州民居十分契合，让苏州博物馆能与历史、人文、城市融合在一起。

苏州博物馆建筑设计的透光性很好，开放式钢结构与玻璃的运用可以在室内借到大片天光。这也体现了贝聿铭一直以来的设计理念——用光线来做设计。让光线与空间相结合，透过简单的几何线条营造光影变化，借助光线的忽明忽暗，产生不同的视野与感觉，让整个建筑都充满情趣与匠心。

每个建筑本身就是一个巨大的体块，在许多建筑设计的过程中，设计师会运用多种手法赋予整个建筑更丰富的视觉效果。下面通过"任务四　模块数码——块的构成"，学习块体的构成方法。

任务描述

本任务是设计并制作一款水果刀原型。学生首先运用 3 种以上的块体材料搭建随机主题的立体构成作品，初步感受块体的特点和形成的空间感。然后通过标注产品所属的构成类型，以及制作电动螺丝刀的主体形态，学习块的多种构成手法。最后结合人机工程学知识和实际使用中遇到的问题，设计一款水果刀的刀柄，并使用聚氨酯泡沫按最终设计方案加工制作刀柄原型。

任务实施

环节一　搭建主题块体

一、具体步骤

第 1 步：准备主题块体的材料包（棉花、泡沫、木块、铁丝），并挑选出工作台面已经摆放的钢直尺、美工刀、刻刀等，学习块的特性及类型等相关知识。

附加项：能够自行准备充足的块体材料，如乒乓球、一次性纸杯、石块、饮料瓶、海绵等，特别是具有材质特点的废旧物品，可加分。

第 2 步：到教师处随机抽取一张需要完成的主题卡片（教师准备 10 张分别写有思绪、阅读、团聚、旅行、考试、竞技、飞翔、遥远、刷剧、开学的卡片，并打乱顺序待学生抽取），考虑材料和主题，至少运用 3 种以上的块体材料，构思块的立体构成，参考图 4-3。

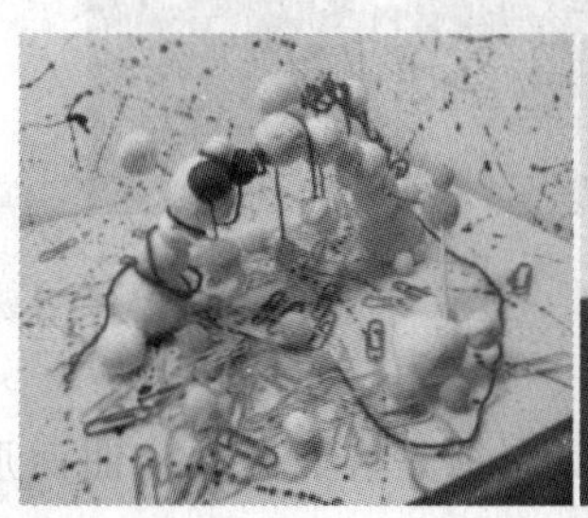
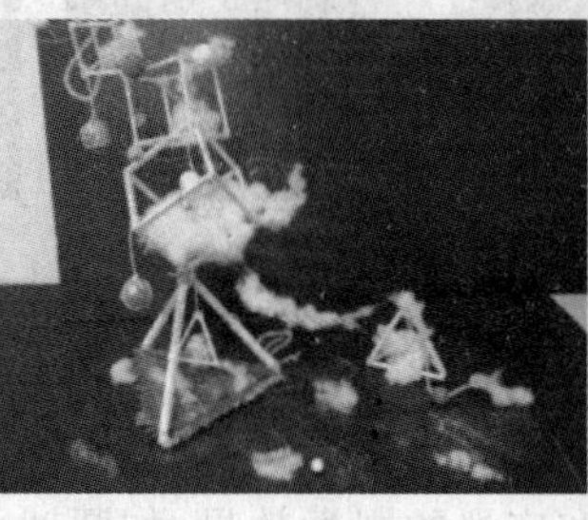

图 4-3　主题块体作品案例

第 3 步：使用自备的手绘铅笔或圆珠笔，在相应的纸张上绘制将要制作的主题块体草图。绘制的形态为包含至少 2 个视角的立体视图，要求体现使用的材料材质、数量和体量。

第 4 步：完成绘制后，请教师进行考核评分。考核通过进入下一环节，未通过则重新绘制（总共可申请两次考核）。

二、相关知识

块材是线与面的结合体，是具有长、宽、高的三维空间的封闭实体。块材具有明显的视觉体量感，是能最有效表现空间立体的造型。由具备体块特征的材料，按照一定的形式法则构成新的形态叫作块立体构成。块体的构成被广泛运用于各类设计领域中，如用于雕塑艺术、城市建筑、工业造型等。

1. 块的特性

（1）块体由连续的表面构成，表现出很强的立体感、占有空间感。

（2）块材的体量较大，会给人厚实、浑重、稳定之感。

2. 块的类型

立体构成中块体形态按虚实分主要包括实心块体、空心块体、半虚半实块体（图 4-4）。

（1）实心块体：实体的内部充实，具有厚重感，如木块、石头。

（2）空心块体：包括中心空的块体和由面材围合而成的空心块体，如气球。

（3）半虚半实块体：较实体更具透气感，而比虚体则更具充实感，如海绵。

块体由连续的表面构成，根据组成面的不同形态，块体又可分为几何平面形块体、曲面形块体、自由面形块体和自由曲面形块体。

（1）几何平面形块体是指由 4 个以上的平面和直线边界衔接而成的封闭空间实体，如立方体、三角锥体以及其他几何平面构成的多面立体。其具有简练、大方、庄重沉着的特点，如金字塔。

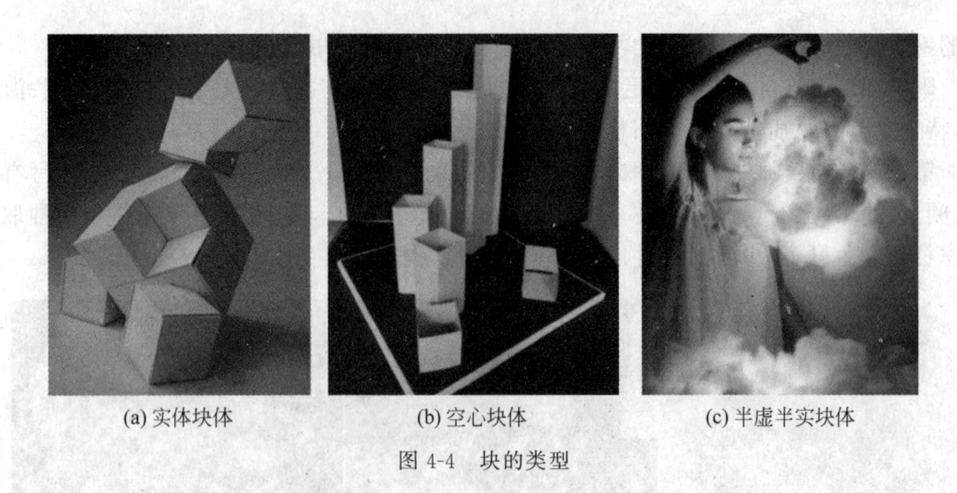

(a) 实体块体　(b) 空心块体　(c) 半虚半实块体

图 4-4　块的类型

（2）几何曲面形块体是指由几何曲面构成的回旋体。其特征是表面为几何曲面形，秩序感强，具有理智、明快、优雅和庄严的视觉效果，如圆球、环、柱等。

（3）自由曲面形块体是指由自由曲面构成的块状立体造型，包括自由曲面形体和自由曲面所形成的回转体，如酒杯、花瓶等。其中大多数为对称形，具有凝重、端庄、优美活泼的特点。

环节二　识别块体构成

一、具体步骤

第 1 步：学习块材的立体构成手法相关内容，在相应的纸张上标注下列产品主体形态属于哪种块的构成类型，并绘制图 4-5 中第 1 个、第 3 个和第 5 个产品的主体形态，要求形态和空间关系尽可能表达准确，线条流畅。

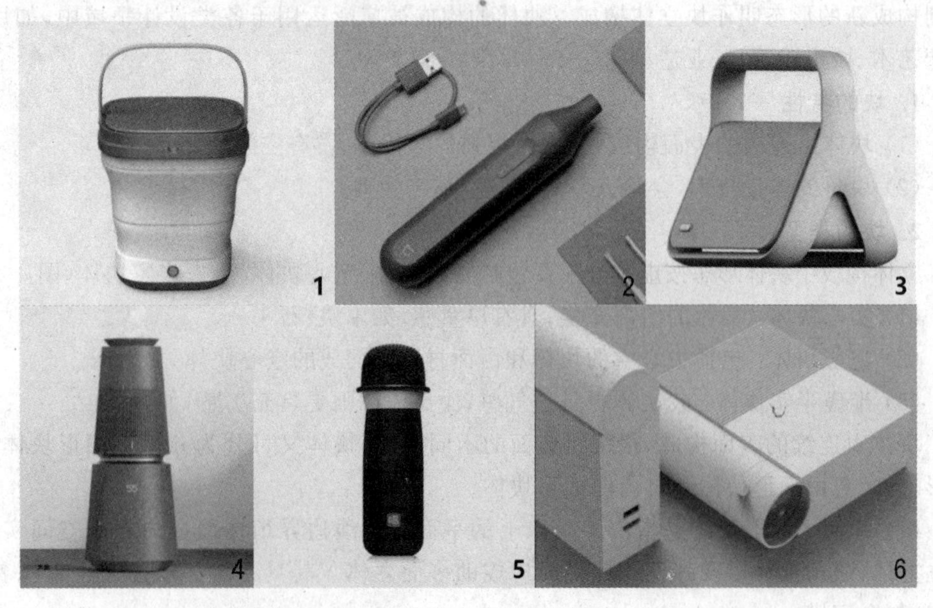

图 4-5　产品中不同块的构成

第 2 步：准备 20cm×10cm×10cm 的聚苯乙烯泡沫 1 块，并利用马克笔、钢直尺、美工刀、白胶、刻刀、电热切割笔等辅助工具，制作图 4-5 中 2 电动螺丝刀主体形态的原型，要求 1∶1 比例，块体形态准确，表面无毛刺，棱边清晰。

第 3 步：完成后将原型和相应成果资料摆放在工作台上，请教师进行考核，考核通过进入下一环节，未通过则重新绘制(总共可申请两次考核)。

二、相关知识

块立体构成的手法大致有三类：变形、分割、聚积。

1. 块体的变形构成

变形的目的是让立体形态更为丰富：使无生命的形态变为生动的形态；使简单的形态变为复杂的形态；使表面为平面的形态变为表面为曲面的形态。

变形加工的手段有扭曲、膨胀、倾斜、盘绕。

(1) 扭曲

轻度扭曲可以使形体柔和富有动感；强烈的扭曲蕴涵爆发力(图 4-6)。

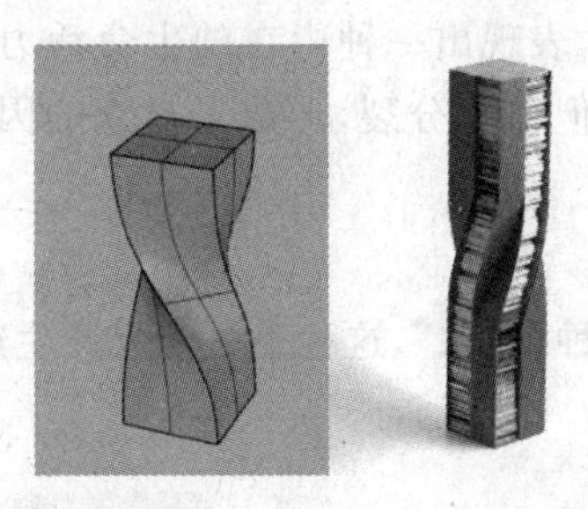

图 4-6　扭曲

(2) 膨胀

形态向外球面扩张，表现出内力对外力的反抗，富有弹性和生命感(图 4-7)。

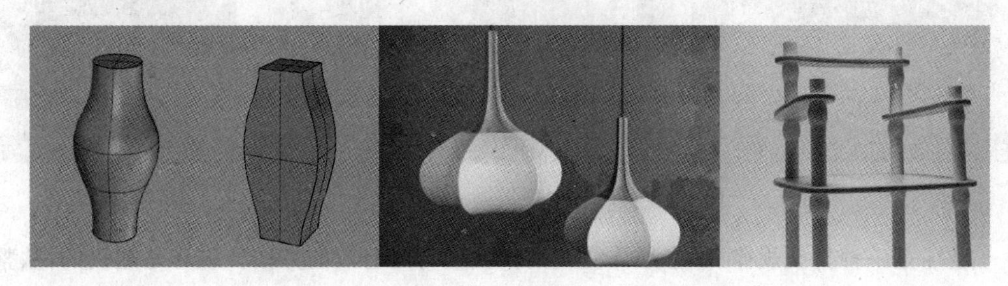

图 4-7　膨胀

(3) 倾斜

形态的重心发生偏移，使立体形态产生斜线或倾斜面，从而产生动感，达到生动活泼的效果(图 4-8)。

(4) 盘绕

基本形体按照某个特定方向盘绕，呈现出具有引导意义的动势。盘绕可以是水平方向的，也可以是三维空间的盘绕(图 4-9)。

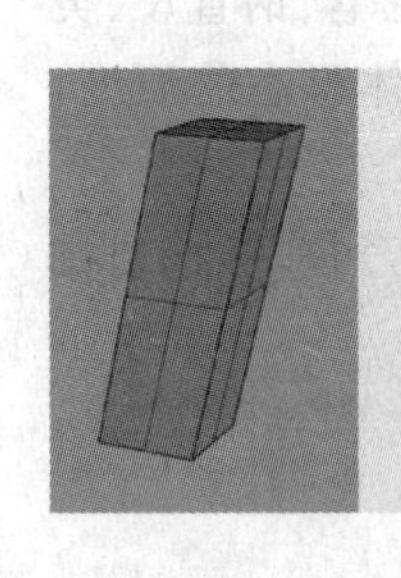

图 4-8 倾斜

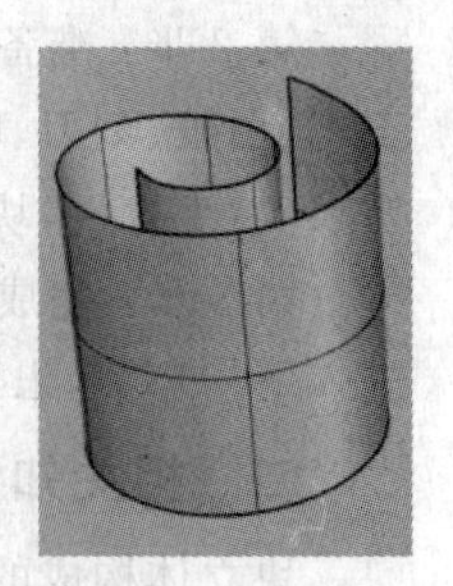

图 4-9 盘绕

2. 体块的分割构成(减法创造)

块体的分割构成是指对原来的块体形态进行多种形式的分割,使得原有形态变化为新的形态。分割主要是通过“切”和“挖”的手法“减”去一部分形体,因此块体的分割构成也可以称为减法创造,减法创造的具体方法有分裂、破坏、退层、切割和分割移动。

(1) 分裂

使基本形体断裂,就像成熟的果实绽开一样,表现出一种内在的生命活力(图 4-10)。分裂是在一个整体上进行的,因此仍有统一感。但由于分裂,形成了对立的因素,使统一中又有变化。

(2) 破坏

在完整的基本型上进行人为的破坏,造成一种“残像”,这种手法使人产生震惊和疑惑(图 4-11)。

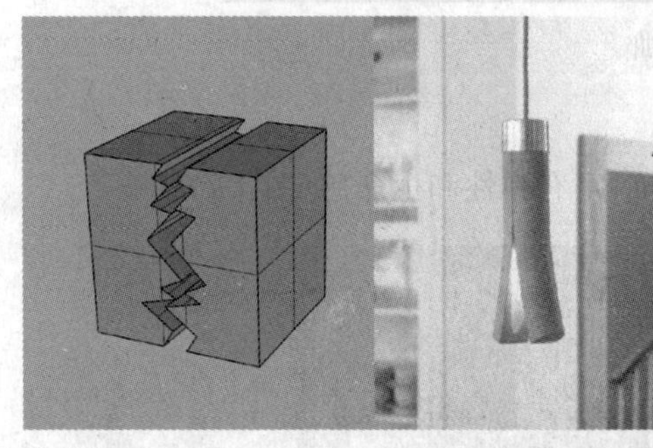

图 4-10 分裂

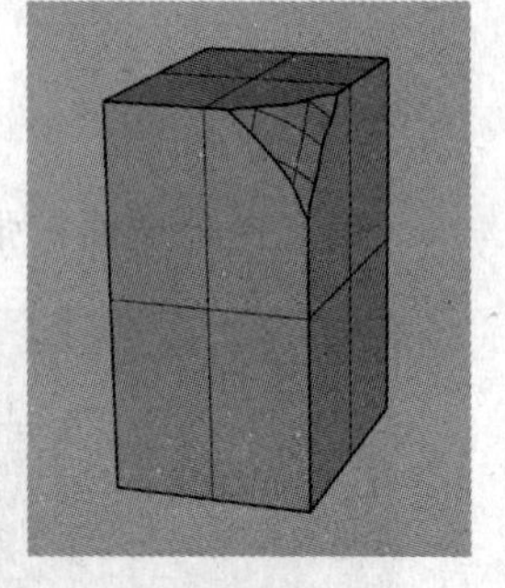

图 4-11 破坏

破坏是一种打破规律、寻求形体变化的简便而行之有效的方法。破坏是随机的,从整体效果来说,它也许与整体很和谐,也许很不和谐。显然,这种造型手法的成功率并不高。

(3) 退层

使基本形层层脱落,渐次后退(图 4-12)。退层处理常用于高层建筑形态,因为它能减少高层对阳光的遮挡,打破呆板的外形,增强了造型的层次感和节奏感。

(4) 切割

在形态的任何部位做由表向里、不同角度的切割,使简单的形态发生体面的转换变化,既有平面、虚面,又有凸面、凹面(图 4-13)。切割与破坏一样都是为了寻求变化。但破坏是随机的,而切割是精心设计的。切割不仅改变了原有形态,还增强了立体感。

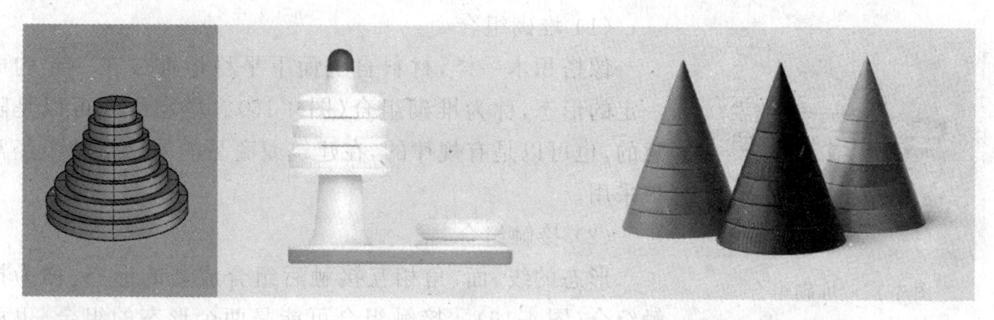

图 4-12　退层

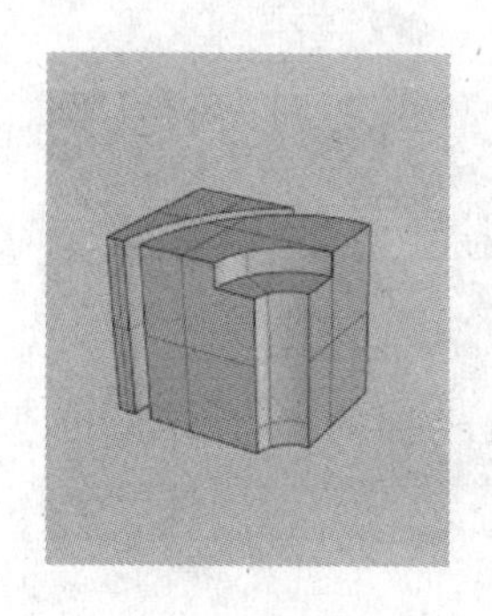

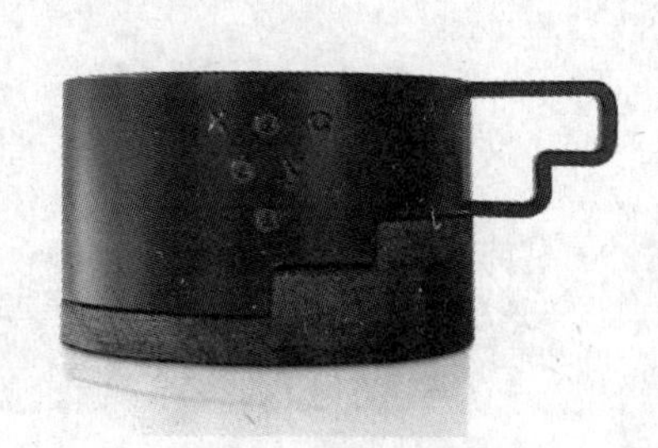

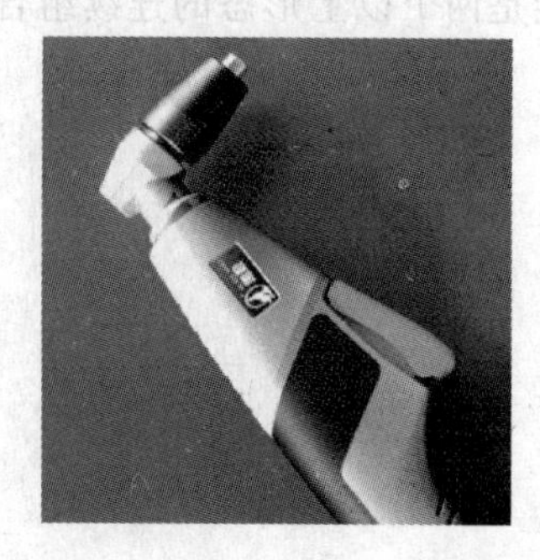

图 4-13　切割

(5) 分割移动

分割移动是将形态切割后重新组合的造型方法(图 4-14)。将直方体按照一定比例切割,于是我们就有了更多的素材。若使用这些素材进行合成设计,则会产生丰富的形体。

图 4-14　分割移动

3. 体块的聚积构成(加法创造)

块体的聚积构成是指运用一定数量的块状单体,通过不同的形式相互连接组合,从而创造出较为复杂的形态。在这个过程中,由于形体的体量和单元数量都有所增加,因此块体的聚积构成也可以被称为加法创造。加法创造不仅能丰富原有形态,还能增大原有形态的外部尺度,加强立体视觉效果。加法创造的组合方式有堆砌组合、接触组合、贴加组合、叠合组合和贯穿组合。

图 4-15　堆砌组合

（1）堆砌组合

像搭积木一样，材料自上而下平稳地堆放在一起构成一定的形态，称为堆砌组合(图 4-15)。堆砌组合可以是随意的，也可以是有规律的，在建筑或商品的展示活动中经常被采用。

（2）接触组合

形态的线、面、角相互接触后组合成新的形态，称为接触组合(图 4-16)。接触组合可能是两个形态的组合，也可能是两个以上形态的连续组合，具有较强的韵律感。

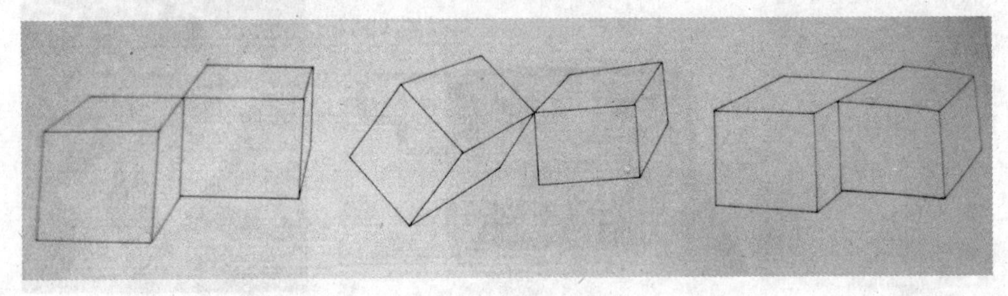

图 4-16　接触组合

（3）贴加组合

在较大形态的侧壁上悬空地贴附较小形态的方法，称为贴加组合(图 4-17)。贴加的形态的体量，是由贴合的侧面来支撑的。贴加组合使原形态的立体感和层次感都得到了加强。

（4）叠合组合

一个形态的一部分嵌入另一个形态的方法，称为叠合组合(图 4-18)。以叠合方式组合的形态数量较少，但却能够取得凹凸多变、形象生动的视觉效果。嵌入部分的多少，关系到两者的整体效果。这种组合可以是由一个形态嵌入另一个形态，也可以是多个形态的叠合。

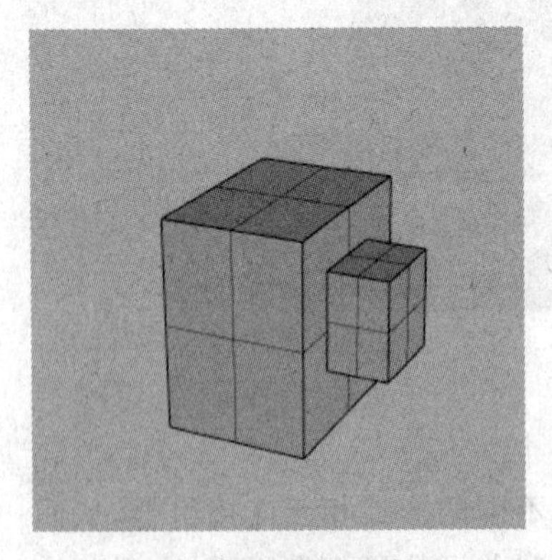

图 4-17　贴加组合

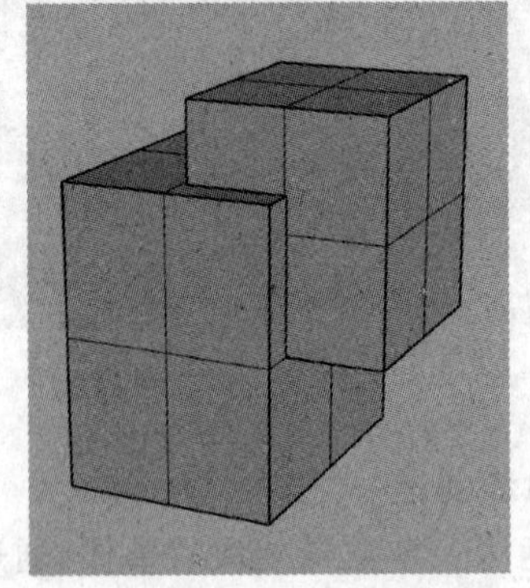

图 4-18　叠合组合

（5）贯穿组合

一个形态贯穿另一个形态的方法，称为贯穿组合(图 4-19)。贯穿组合所产生的各面之间的交线，随形态的复杂程度和方位的不同而不同，它们是空间曲线或折线。过多的相贯交线对形态构成的线型关系将产生一定的影响，甚至有可能破坏形态的整体美观。因此，运用贯穿组合要适度。

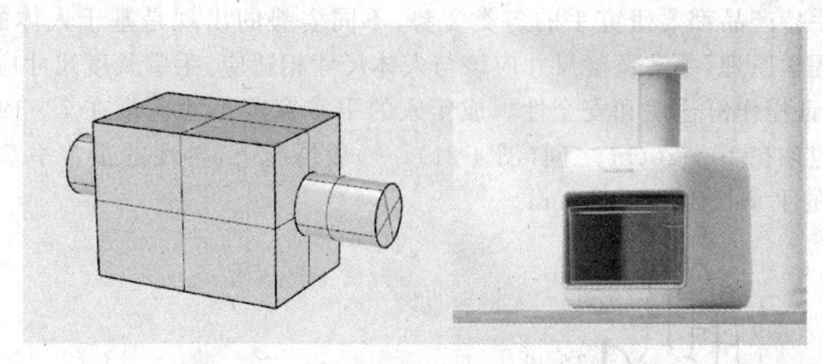

图 4-19　贯穿组合

环节三　水果刀刀柄设计

一、具体步骤

第 1 步：学习手部的基本尺寸、刀柄的基本参数、手握式工具的设计原则等手握工具的人机工程学知识。

第 2 步：仔细观察图 4-20 中的水果刀刀柄，回忆生活中使用过或见到过的水果刀，并思考在使用过程中容易出现的问题。请用一句话概括想要解决的问题，写在相应的纸张上，并尝试通过形态设计加以解决。

图 4-20　不同形态水果刀刀柄

第 3 步：充分考虑手握式工具设计原则，在纸张相应位置绘制 3 个不同的水果刀刀柄设计方案，要求形态能够明确解决上一步骤发现的问题，绘制的方案线条流畅，比例合适，可有适当文字说明，并在每个方案的右下角标注方案序号。

第 4 步：完成绘制后，请教师进行考核评分并选择方案。考核通过则进入下一环节，未通过则重新绘制(总共可申请两次考核)

二、相关知识

手握工具的人机工程学内容如下。

1. 把手设计参数

(1) 手部人机尺寸

每一件手持产品都要研究手的各类姿势,不同姿势的出现是基于人体的手部尺寸。根据人机工程学原理,手掌宽度尺寸应该与人体尺寸相适应,手掌长度尺寸应该与手指长度相适应,保证操作舒适性和安全性。成年人的手掌宽度尺寸应该在7~19cm之间,手掌长度尺寸应该在10~20cm之间(图4-21)。一般情况下,男性的正常手掌长20cm,宽9cm,而女性的手掌长18cm,宽8cm。

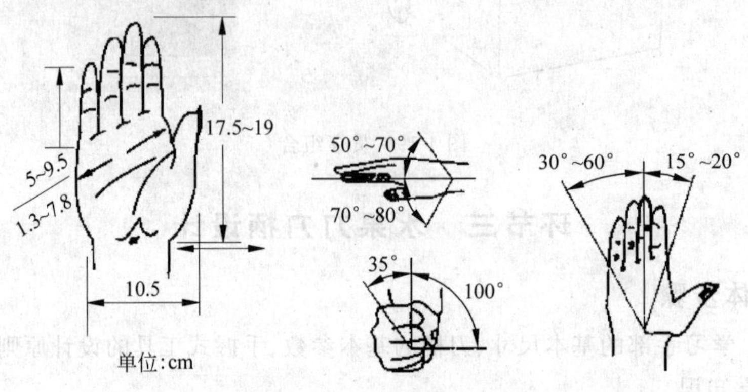

图4-21 人体手部尺寸

(2) 把手设计参数(表4-1)

① 直径:着力抓握30~40mm;精密抓握8~16mm。

② 长度:100~125mm。

③ 形状:圆形、三角形、矩形、丁字形、斜丁字形等。

④ 弯角:10°左右。

⑤ 双把手工具:抓握空间。

⑥ 用手习惯和性别差异。

表4-1 一般手握式工具设计指南

手工具物理特征	设计指南
重量及配重	重心尽可能接近手掌中心,重量应小于2.3kg
握柄直径	应在2~8cm,力握时最佳握把直径为5cm
握柄长度	最短应为10~12.5cm,握柄的尾端不能压迫到手掌
握柄握距	最佳握距在5~6cm,不宜超过13cm
握柄形状	应使手掌与握把间的接触面积最大
握柄断面形状	在推力和拉力兼有的情况下,采用宽高比为1∶1.25的矩形握柄
握柄沟槽	手指沟槽可提供较好的摩擦力、避免滑手,深度不宜超过0.32cm
握柄角度	握柄角度在19°左右可以减少手腕尺偏

微课4-1
手握式工具设计原则

2. 手握式工具设计原则

(1) 一般设计原则

① 必须有效地实现预定的功能。

② 必须与操作者身体成适当比例,使操作者发挥最大效率。

③ 适当考虑性别、训练程度和身体素质的差异。

④ 作业姿势不能引起过度疲劳。

(2) 解剖学因素

① 避免静肌负荷,手臂自然下垂(图 4-22)。

② 保持手腕处于顺直状态(图 4-23)。

③ 避免掌部组织受压力(图 4-24)。

④ 避免手指重复动作(图 4-25)。

(a) 不良设计　(b) 优良设计

图 4-22　手臂状态对比

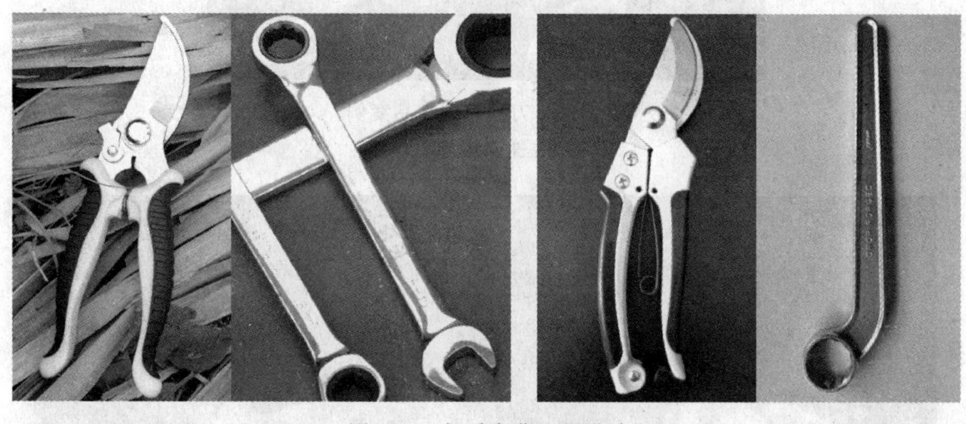

图 4-23　把手弯曲工具设计

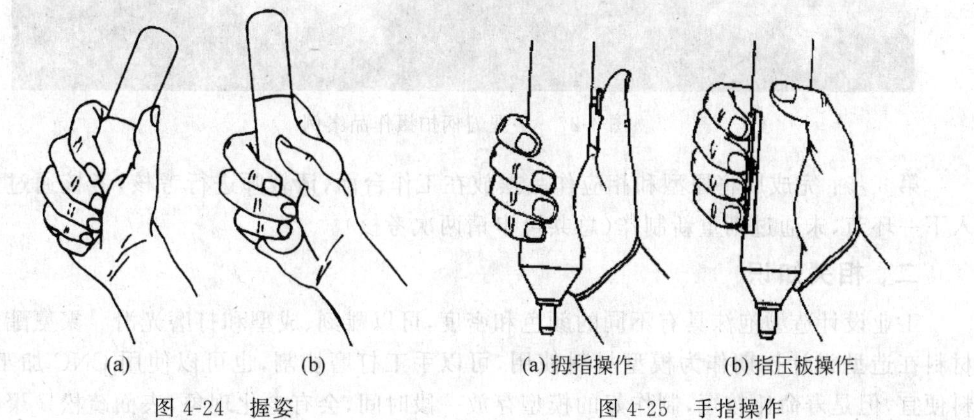

(a)　(b)　(a) 拇指操作　(b) 指压板操作

图 4-24　握姿　图 4-25　手指操作

微课 4-2
泡沫刀柄
制作示范

环节四　刀柄形态制作

一、具体步骤

第 1 步：准备 15cm×10cm×10cm 的聚氨酯泡沫 1 块和硬卡纸 1 张，拿出钢直尺、美工刀、锉刀、砂纸、打磨机、电热切割机等工具做好准备。学习聚氨酯泡沫特性、应用方法等知识点。通过微课 4-1 学习泡沫刀柄制作的基本流程。

第 2 步：使用领取的材料和工具制作环节三中优选的 1 个设计方案，要求原型与实际比例为 1∶1，刀柄原型形态与草绘方案一致，符合基本的手部人机尺寸，表面光滑，曲线流畅。刀片使用硬卡纸制作，刀片和刀柄的连接方式自行设计，参考图 4-26 和图 4-27。

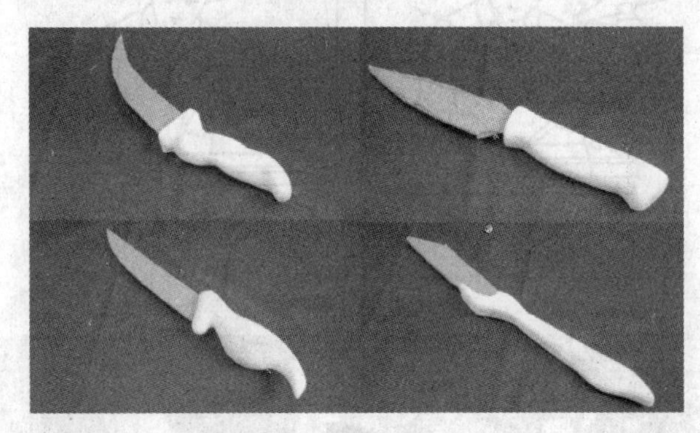

图 4-26　刀柄模型作品案例
（设计：朱易凡、郁烨峰）

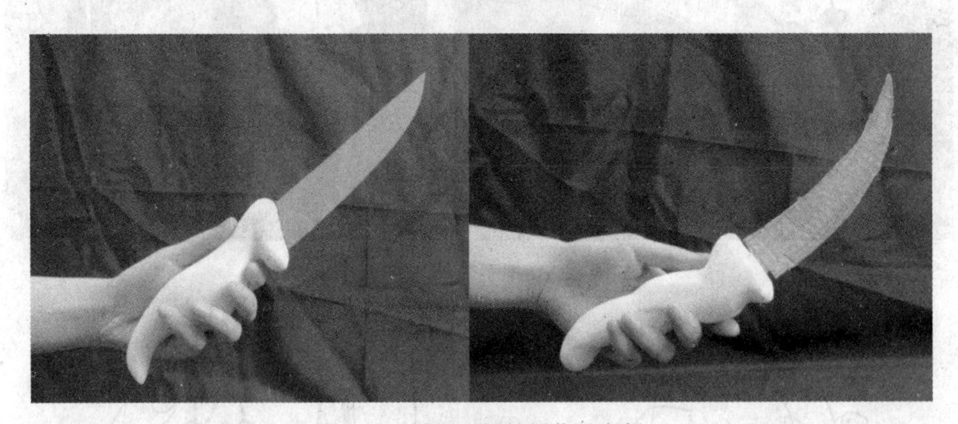

图 4-27　手握刀柄拍摄作品案例

第 3 步：完成后将原型和相应作品摆放在工作台面，请教师进行考核，考核通过则进入下一环节，未通过则重新制作（总共可申请两次考核）。

二、相关知识

工业设计造型泡沫具有不同的颜色和密度，可以雕刻、成型和打磨光滑。聚氨酯发泡材料在造型设计初期作为模型材料使用，可以手工打磨切割，也可以使用 CNC 加工，材料便宜，但是寿命比较短，制作好的模型存放一段时间，会有老化现象，表面疏松。聚氨酯不适合直接使用油漆喷涂，因为疏松多孔的特性，模型表面不能实现光滑的效果。

1. 聚氨酯泡沫特性

聚氨酯硬质泡沫是以异氰酸酯和聚醚为主要原料，在发泡剂、催化剂、阻燃剂等多种助剂的作用下，通过专用设备混合，经高压喷涂现场发泡而成的高分子聚合物。聚氨酯泡有软泡和硬泡两种(图 4-28)。软泡为开孔结构，分为结皮和不结皮两种；硬泡为闭孔结构。

图 4-28　硬泡聚氨酯泡沫和软泡聚氨酯泡沫

聚氨酯软泡的主要功能是缓冲，常用于沙发家具、枕头、坐垫、玩具、服装和隔音内衬。

2. 模型制作常用工具

锉刀(图 4-29)：大锉刀可以用来塑造泡沫模型的大体形态；小锉刀用来打磨泡沫模型的细节，如分模线，凹槽或切面等。

砂纸：一般在泡沫模型的中后期使用，用于打磨泡沫模型的表面；如果你有很好的泡沫模型制作经验，砂纸也可以用来打造有机形态等复杂造型。

手持打磨工具(图 4-30)：具有切削钻磨等功能，所以基本可以超越一切手作工具，提高泡沫模型的制作效率。

环氧树脂(图 4-31)：既是一种黏合剂，也是一种填充剂，不仅可以用来黏合各个泡沫模型的部件，也可以对泡沫模型表面的大片损毁进行修补。

底漆：用于打磨发泡表面，使泡沫模型表面光滑耐磨，一般用于喷色漆前使用。

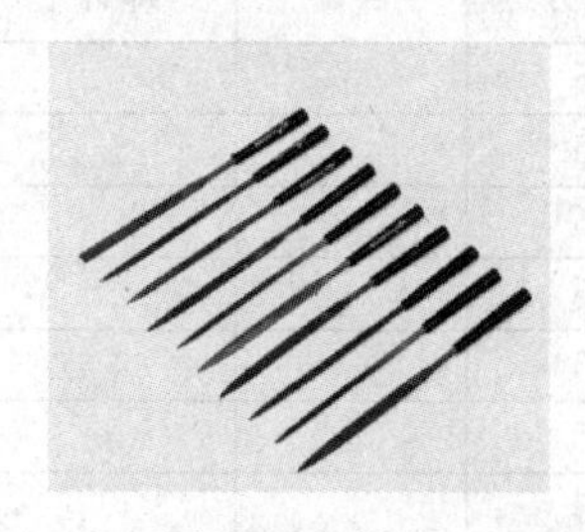

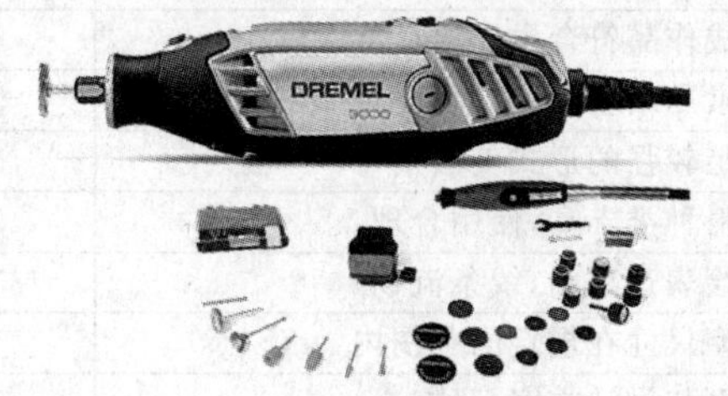

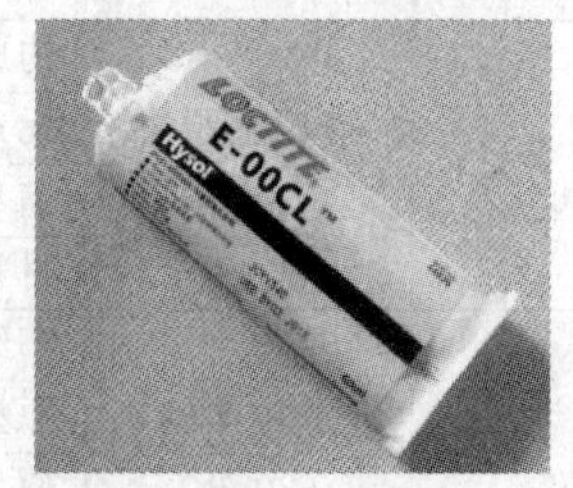

图 4-29　锉刀　　图 4-30　手持打磨工具　　图 4-31　环氧树脂

3. 表面处理技巧和注意事项

表面处理技巧：对于泡沫表面较大的缝隙，建议可以剪一小块泡沫并将其楔入其中，再用腻子填补打磨；对于细小的孔洞，建议直接将腻子平涂在表面，再用 3M 的 Spot Putty 填充一些瑕疵；如果模型损毁比较严重，可以使用环氧树脂进行修补。

制作注意事项：使用模型泡沫时，务必使用防尘面罩。长时间吸入泡沫粉粒容易引起呼吸道和肺部疾病。需要先喷一层底漆，经过打磨后，再喷色漆，否则色漆漆料会腐蚀泡沫模型表面；用砂纸打磨模型时，先选用颗粒较大的砂纸，再慢慢改用细砂纸，否则不仅浪费时间，也浪费砂纸。

环节五　整理提交作品

具体步骤如下。

第1步：将工作台面整理干净，工具完好无缺摆放在规定位置，剩余材料整理归纳。

第2步：将作品和相应资料整理好摆放于台面，等待教师根据任务布置中的考核标准进行考核。

评价考核

1. 阶段性测评

为检测学生对于每一环节专业知识与操作的掌握，各环节设有考核，把任务的知识点学习和训练进行分解，分阶段有序地检查反馈，确保学生能掌握每一环节的知识点与操作技能，为达成任务总体学习目标做好保障。只有完成环节测评并达到合格，才能进入下一环节的学习，不合格者将重新进行学习与考核。

2. 终结性评测

所有环节完成，才能进入任务终结性评测。终结性评测以教师综合评价和综合测试相结合的方式。

(1) 教师综合评价

教师将依据表4-1考核评分表对学生的学习态度、工作习惯和作品质量进行总体评价，60分以上合格，合格才能进入下一任务的学习。

表4-1　考核评分表

序号	内容及标注		配分	自评	师评
1	搭建主题块（20分）	构成作品符合主题语义	5		
		元素黏结合理、稳固、美观	5		
		满足较强的形式美法则	5		
		材料种类丰富，使用合理	5		
2	识别块体构成（20分）	草绘表达准确，线条流畅	5		
		原型尺寸在规定的范围内	5		
		原型与设计方案一致	5		
		原型表面规整光滑	5		
3	水果刀原型设计制作（35分）	手绘设计方案至少3个	5		
		设计方案满足手部尺寸参数	5		
		原型与设计方案一致	5		
		原型表面规整光滑	5		
		原型满足人机体验	10		
		原型富有创新性	5		

续表

序号	内容及标注		配分	自评	师评
4	课堂表现（15分）	遵守工作站学习秩序和学习纪律	5		
		参与任务实施的积极性较高	5		
		跟随教师引导认真完成任务	5		
5	安全规范（10分）	工具摆放整齐	2		
		工作台面整洁	2		
		在安全要求下使用工具	3		
		节约材料和爱护工具	3		
总分					

（2）综合测试

综合测试以客观量化题为主，满分100分，考核分数达到90分才能进入下一任务的学习，否则继续学习直至达到90分以上为止，总共可申请两次考核。

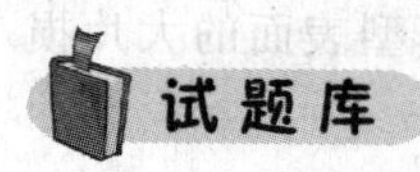

一、选择题

1. 根据学习的块的类型，你认为下图中的产品形态属于立体构成中的（　　）块体形态。

A. 实心　　　　B. 半虚半实　　　　C. 空心

2. 块体的构成实用性特别，在塑造形体的产品设计中运用十分广泛。下列不属于对块的特性描述的是（　　）。

A. 具有连续的表面，可表现出很强的量感

B. 通常给人以充实、稳定之感

C. 具有显示形态的外部的作用

3. 块体的变形构成能使表面为平面的形态变为表面为曲面的形态，使简单的形态变为复杂的形态。下列块体的构成手法中不属于块体的变形构成的是（　　）。

A. 膨胀　　　　B. 扭曲　　　　C. 退层

4. 简单的形态与其他形态相结合，能够创造出较为复杂的形态。体块的聚积通过不同形式的组合，一方面丰富了原有形态，另一方面增大了原有形态的外部尺度，加强了立体视觉效果。下列产品形态与块体的构成类型对应不正确的是（　　）。

A. 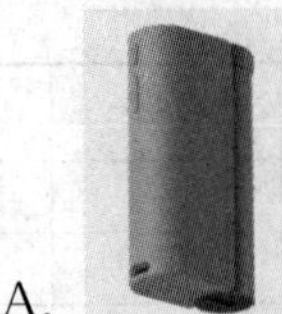 贯穿组合　　B.  贴加组合

C.  叠加组合

5. 在设计手握式工具时，应遵循的解剖学原则有（　　）。

A. 考虑性别、训练程度和身体素质的差异

B. 需要与操作者身体成适当比例

C. 保持手腕处于顺直状态

6.（　　）不仅可以用来黏合各个泡沫模型的部件，也可以对泡沫模型表面的大片损毁进行修补。

A. 环氧树脂　　B. 丙烯酸合成树脂　　C. α-氰基丙烯酸乙酯

二、判断题

1. 聚氨酯泡沫软泡为开孔结构，硬泡为闭孔结构；硬泡又分为结皮和不结皮两种。（　　）

2. 硬质聚氨酯泡沫可以使用CNC加工，但不适合直接使用油漆喷涂，因为疏松多孔的特性，模型表面不能实现光滑的效果。（　　）

3. 聚氨酯硬质泡沫是以异氰酸酯和聚醚为主要原料的一种高分子聚合物。（　　）

4. 把手设计应满足人的手部人机尺寸，比如把手的长度应设计在100～150mm范围内，力握时最佳手柄直径为5cm。（　　）

5. 分割构成是指对原形态进行切割、分割和重组等，从而创造出新的形态。（　　）

6. 分割的目的是让立体形态更为丰富，使无生命的形态变为生动的形态，也可使表面为平面的形态变为表面为曲面的形态。（　　）

7. 圆球、环、柱等自由曲面体块具有秩序感强的特征，以及理智、明快、优雅和庄严的视觉效果。（　　）

8. 块是具有长、宽、高三维空间的封闭实体。由具备体块特征的材料，按照一定的形式法则构成新的形态叫作块立体构成。（　　）

任务五 Task 5

立体贺卡——造型法则

任务目标

总目标：

学生在学习了半立体构成的制作手法和造型法则后，能灵活应用纸材，从生活中寻找设计元素，设计并制作半立体的折叠贺卡。

分目标：

(1) 能够赏析生活和设计中半立体或立体构成作品，辨别其中蕴含的造型法则；

(2) 能够应用折屈、切割和切折方法制作半立体或立体构成作品；

(3) 通过对纸的半立体空间训练，能够更灵活地应用纸材制作造型；

(4) 能够通过审美实践，获得美的规律塑造的能力。

建议学时：

9 课时。

任务背景

在视觉艺术、设计、建筑等领域中，点、线、面、色彩、肌理等是最基本的构成元素，设计师可以通过这些构成元素的组合和变化创造出各种不同的形式关系，激发人们的审美情感。在这些构成元素中，肌理也是丰富作品表现力的重要部分。肌理指物体表面的纹理，又称质感(图 5-1)。肌理可以通过视觉、触觉等感官来感知。由于物体的材料不同，其表面的组织、排列、构造各不相同，因而会产生粗糙感、光滑感、软硬感等各种不同的感受。而在产品设计中，肌理在产品表面的形式实质就是一种半立体构成。

肌理又分为触觉肌理和视觉肌理。人们对肌理的感受一般是以触觉为基础的，触觉肌理就是通过触摸感受材料质地的不同，例如我们在触摸棉花的时候感觉到柔软，触摸丝绸的时候感觉顺滑，触摸树皮时会感到粗糙，触摸石头会觉得坚硬，这些触觉肌理都属于三维立体肌理。但由于人们触觉物体的长期体验，以至不必触摸，便会在视觉上感到质地的不同，我们称它为视觉质感。例如，我们观察海面的波纹、天空的云层、屏幕中显示出的

图 5-1　表面肌理案例

花纹凹凸等，虽然没有通过触摸，但在视觉上给了我们不同的感受。这些视觉肌理都属于二维平面肌理。

而在产品设计中，肌理在产品表面的形式实质就是一种半立体构成。此外，为了丰富半立体构成作品的表现形式，增加作品的视觉层次和美感，还可以加入对比、对称、韵律等造型法则。下面通过任务五来具体学习。

任务描述

本任务是设计并制作半立体的折叠贺卡。首先，学生要学习立体构成中半立体的概念和手法，利用提供的材料制作半立体的造型，初步感受半立体的空间感。接着，观察和发现产品肌理中存在的半立体形态，利用卡纸复刻产品中的半立体形态。然后更深入地学习半立体中存在的造型法则，并通过设计制作半立体构成作品来反映对比与调和、对称与均衡和节奏与韵律 3 组造型法则，巩固对造型法则和半立体构成的学习。最后，学生需要从校园建筑或代表性景观中获得灵感，将这些作为创作素材设计并制作半立体的折叠贺卡，从而更灵活地应用纸材制作造型，以及在审美实践中获得美的规律塑造的能力。

任务实施

微课 5-1
半立体构成的概念

环节一　感受另一个空间

一、具体步骤

第 1 步：通过微课 5-1 学习半立体构成的概念及基本表现形式。

第 2 步：准备两张 15cm×15cm 的白卡纸和 1 张黑卡纸，以及固体胶、双面胶。

第 3 步：白卡纸上已印有一定线条（图 5-2），分别选择折屈、切割或切折中任意两种方法，处理你的两张白卡纸。完成后将它们用固体胶或双面胶固定在黑色卡纸上，并在对应的白卡纸下标注应用的半立体构成制作手法。

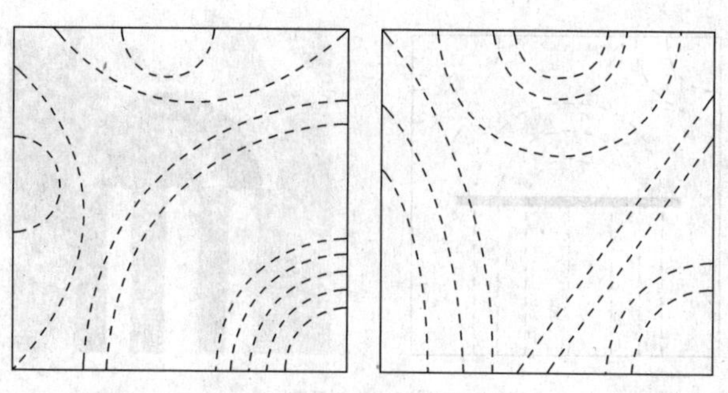

图 5-2　印有线条的白卡纸

第 4 步：完成后将作品摆放在工作台面，请教师进行考核，考核通过则进入下一环节，未通过则重新制作。

二、相关知识

半立体构成又称二点五维构成，是指在平面构成的基础上增加第三个维度，使得设计更立体、丰富、多样，但又与立体形态有所不同，因此它是从平面形态到立体形态之间的一个转化。半立体构成的制作方法是在平面材料上进行立体化加工，将纸张、泡沫板等平面材料，通过切、折、曲、编、镂、插等构成手段，塑造出各种立体造型。学生通过对半立体构成的学习与训练，能掌握平面材料的多种变化手段，提高空间思维能力、空间表现能力和动手实践的能力。

1. 折屈

在平面纸张上先设计构图并画线，然后在画好的线上用小刀划痕，在划痕处进行折屈(图 5-3)。这种方法的优点是形态强度大，结实，整体效果好；缺点是彼此相互制约，折屈难度较大。

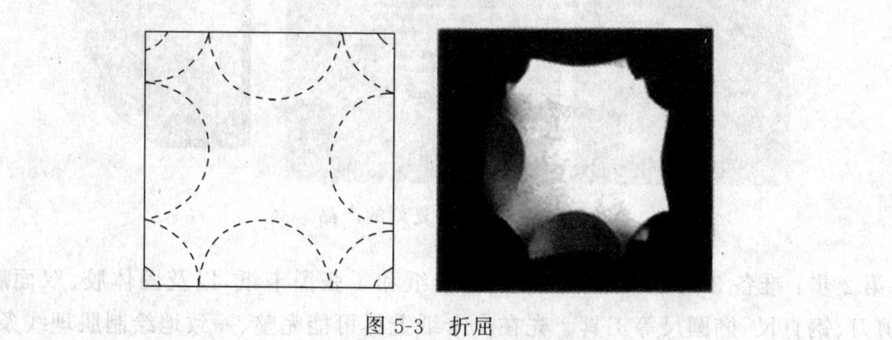
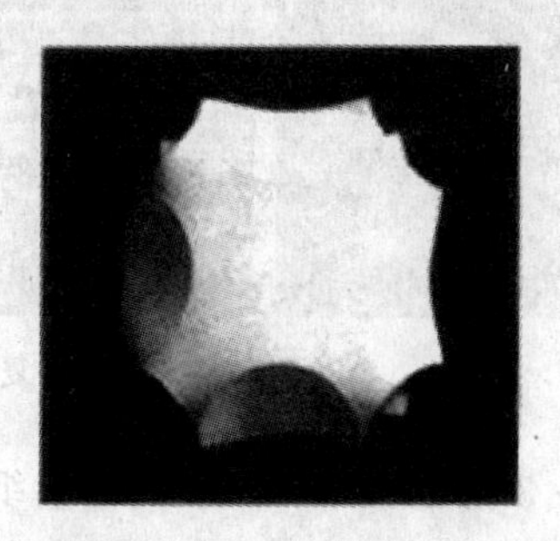

图 5-3　折屈

2. 切割

切割是立体构成中经常使用的加工方法。具体操作方法：先在瓦楞纸或方台式折屈，再在其棱纸上进行各种形状的切割，并且使被切割部分与棱纸分离，这样就形成各种立体造型，在光影作用下效果更好(图 5-4)。

3. 切折

(1) 不切多折：用铅笔将设计图画在切折面上，再用美工刀画线(不划透纸背)，再依线痕折纸，使之显现半立体效果。

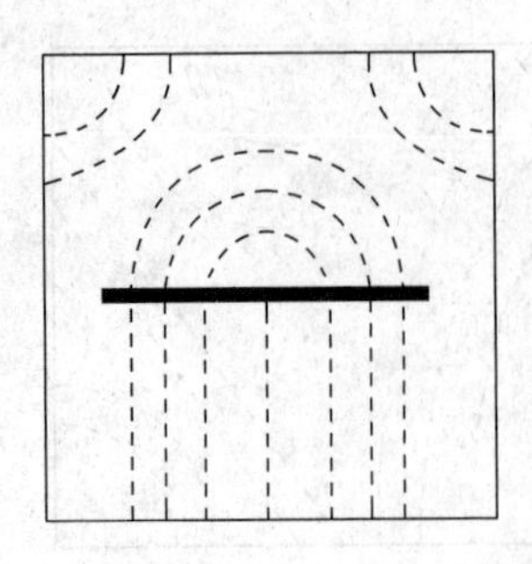

图 5-4 切割

(2) 一切多折：在中心部位平行的一边或对角线上切线，依线痕折出凹凸变化，使之呈现成形效果。制作中要考虑统一、对比、疏密变化等形式美的因素。

(3) 多切多折：根据构图作自由切割，再通过折屈、压屈、弯曲等不同处理，构成半立体造型。此练习可根据平构的渐变、放射、对比、特异等手法组织画面，同时切折后应体现出进深感。

环节二 复刻产品肌理

具体步骤如下。

第 1 步：仔细分析图 5-5 中 3 个产品的表面肌理，观察其中的凹陷、凸起和镂空，接下来需要用卡纸复刻一样的效果。

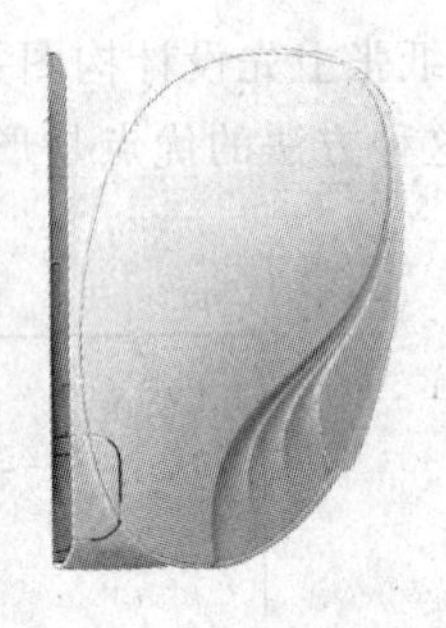

图 5-5 需复刻的产品

第 2 步：准备 3 张 15cm×15cm 的白卡纸和 1 张黑卡纸，以及固体胶、双面胶、美工刀、剪刀、钢直尺、椭圆尺等工具。先在白卡纸上尽可能完整、一致地绘制肌理线条。

第 3 步：参照图片效果，使用准备的工具制作肌理，完成后将它们固定在黑色卡纸上。

第 4 步：完成后将作品摆放在工作台面，请教师进行考核，考核通过则进入下一环节，未通过则重新制作。

微课 5-2
形式美法则

环节三 半立体中的造型法则

一、具体步骤

第 1 步：观看微课 5-2，了解形式美法则的类型及特点。

第 2 步：观察图 5-6 中的两组半立体构成，分析每个作品应用了哪种造型法则，并在对应工作页中标注对应的造型法则。

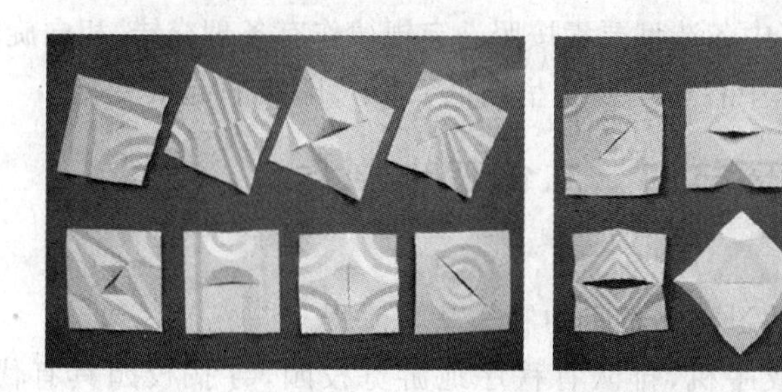

图 5-6　半立体构成案例

第 3 步：准备 4 张 10cm×10cm 的白色卡纸和 1 张黑色卡纸，以及铅笔、钢尺子、剪刀、刻刀、固体胶等工具。

第 4 步：在纸张上分别绘制能够反映对比与调和、对称与均衡和节奏与韵律法则的半立体构成的草图各 2 幅，完成后分别优选 1 个方案绘制在白卡纸上。

第 5 步：综合利用折屈、切割和切折的手法制作半立体构成作品，完成后将它们固定在黑色卡纸上。

第 6 步：完成后将作品摆放在工作台面，请教师进行考核，考核通过则进入下一环节，未通过则重新制作。

二、相关知识

为了丰富半立体构成作品的表现形式，可以加入对比、对称、韵律等造型法则。

1. 对比与调和

对比是将立体造型中两种属性相差极大的构成要素组合在一起，使得双方特征更加鲜明、更加强烈，在对抗冲突中相互衬托。对比能打破画面的单调与呆板，带给人强烈的视觉刺激和矛盾美感。形成对比的因素有很多，如形状对比、色彩对比、材质对比、大小对比等。调和与对比相反，是将立体造型中具有共性的构成要素组合在一起，使得双方差异减弱并趋于协调统一。以物体外形大小为例，相差较大的放在一起形成对比形式，相差较小的形成调和形式。

2. 对称与均衡

对称是指形体能以垂直线或水平线为轴，划分为形状完全相同的两部分。对称是生活中最为常见的形式，如人体结构、植物花叶以及传统建筑等。对称的形态能带来整齐统一、井然有序、典雅庄重的视觉感受，但单纯的对称也会产生单调、呆板的感觉。

均衡与对称不同的是，形体左、右两部分的形状不同但是体量相同或相近。因此，均衡比对称更富于变化且灵活有趣，增加了造型的活泼感。

3. 节奏与韵律

节奏以同一造型要素形色、质地与肌理、光影与距离、方向等，像节拍一样有秩序地进行重复、渐变时所产生的运动感。韵律是使节奏具有强弱起伏、悠扬急缓的变化，赋予节奏一定的情调。

(1) 重复韵律：立体形态中色、形、物肌和材质等造型要素作有规律的间隔重复。

(2) 渐变韵律：立体形态中造型要素按照一定规律渐次发展变化。

(3) 交错韵律：立体形态中各造型要素按照一定规律作有条理交错、相向旋转等变化。

(4) 起伏韵律：立体形态中各造型要素呈高低、大小、虚实的起伏变化。

微课 5-3
立体贺卡
制作示范

环节四　立体贺卡制作

具体步骤如下。

第 1 步：观看微课 5-3，学习立体贺卡的制作基本流程。

第 2 步：带上平板电脑或手机，排队有秩序地游览校园，寻找校园具有代表性的建筑、景观或物品，拍摄 2 张，20min 后返回教室上传照片。

第 3 步：以上一步骤拍摄的 2 张照片为灵感来源，在相应纸张上构绘相应的景物。

第 4 步：将相应资料提交教师，挑选 1 个最优方案，并准备 A4 白卡纸 2 张，以及剪刀、美工刀、刻刀、钢直尺等工具。

第 5 步：将确定的最优方案绘制在白卡纸上，注意实线和虚线的设计思考，实线将使用刻刀切割，虚线则使用压痕笔折叠。

第 6 步：绘制完成后进行制作，并折叠出半立体的效果，保证对折后的卡纸可再次顺利展开无损坏，参考图 5-7。

图 5-7　立体贺卡示范案例
(设计：田鑫豪、孙炫政)

第 7 步：完成后将作品摆放在工作台面，请教师进行考核，考核通过则进入下一环节，未通过则重新制作。

环节五　整理提交作品

具体步骤如下。

第 1 步：将工作台面整理干净，工具完好无缺地摆放在规定位置，剩余材料进行整理归纳入库。

第 2 步：将作品和相应成果资料整理好摆放于台面，等待教师根据考核标准进行线下考核。

1. **阶段性测评**

为检测学生对于每一环节专业知识与操作的掌握，各环节设有考核，把任务的知识点学习和训练进行分解，分阶段有序地检查反馈，确保学生能掌握每一环节的知识点与操作技能，为达成任务总体学习目标做好保障。只有完成环节测评并合格，才能进入下一环节的学习，不合格者将重新进行学习与考核。

2. **终结性评测**

所有环节完成，才能进入任务终结性评测。终结性评测以教师综合评价和综合测试相结合的方式。

(1) 教师综合评价

教师将依据表5-1的考核评分表对学生的学习态度、工作习惯和作品质量进行总体评价，60分以上合格，合格才能进入下一任务的学习。

表5-1　考核评分表

序号	内容及标注		配分	自评	师评
1	感受另一个空间（10分）	正确进行标注	5		
		折线或切线规整	5		
2	复刻产品肌理（15分）	肌理线条与产品上的比例、形状一致	5		
		凹凸或镂空与产品一致	5		
		折线或切线规整	5		
3	半立体中的造型法则（30分）	线稿数量、内容与要求一致	5		
		三种造型法则特征明显	10		
		造型具有创意和美感	5		
		折线或切线规整	10		
4	立体贺卡制作（20分）	线稿设计制作原理合理	5		
		折线或切线规整	5		
		能够反映校园景观，具有创新性	10		
5	课堂表现（15分）	遵守工作站学习秩序和学习纪律	5		
		参与任务实施的积极性较高	5		
		跟随教师引导认真完成任务	5		
6	安全规范（10分）	工具摆放整齐	2		
		工作台面整洁	2		
		在安全要求下使用工具	3		
		节约材料和耗材	3		
总分					

(2) 综合测试

综合测试以客观量化题为主，满分100分，考核分数达到90分才能进入下一任务的学习，否则继续学习直至达到90分以上为止，总共可申请两次考核。

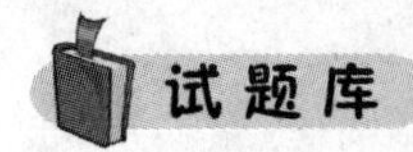

试题库

一、选择题

1. 在应用卡纸复刻如下图所示产品的肌理时，运用半立体构成的(　　)方法较为合适。

A. 折屈　　　　　　　　B. 切割　　　　　　　　C. 切折

2. 下列海报中运用的设计法则是(　　)。

A. 对比与调和　　　　　　B. 节奏与韵律　　　　　　C. 对称与平衡

3. 韵律是使节奏具有强弱起伏、悠扬急缓的变化，赋予节奏一定的情调。韵律也分多种类型，如渐变韵律、重复韵律、交错韵律和起伏韵律。以下选项中韵律类型与图案表达的韵律类型不符的是(　　)。

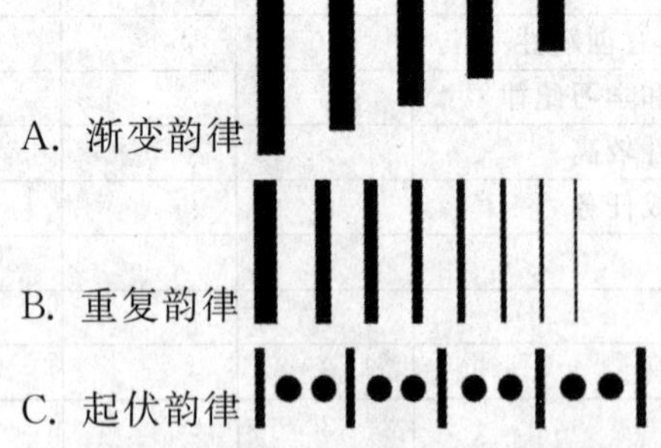

A. 渐变韵律

B. 重复韵律

C. 起伏韵律

4. 下列关于对比与调和的造型法则描述错误的是(　　)。

A. 对比是指立体造型中构成要素之间的各种关系配置极不相同时，产生个性鲜明的对抗因素

B. 调和是指形体的左右两部分形不同而量相同或相近

C. 物体的外形、大小、体量之间的一个关系，相差较大的放在一起形成对比形式，相差较小的形成调和形式

5. 下图所示的建筑体现的韵律类型是(　　)。

A. 渐变韵律　　　　B. 交替韵律　　　　C. 起伏韵律

二、判断题

1. 半立体构成也称作2.5维构成、2.5维浮雕、半浮雕，是从平面到立体两种形态之间的一个转换。(　　)

2. 切折的缺点是彼此相互制约，折屈难度较大。(　　)

3. 用铅笔将设计图画在纸上，再用美工刀画线(不划透纸背)，再依线痕折纸，使之显现半立体效果的手法是一切多折。(　　)

4. 形式美法则，是人类在创造美的形式、美的过程中对美的形式规律的经验总结和具象概括。(　　)

5. 节奏是使节奏具有强弱起伏、悠扬急缓的变化，赋予节奏一定的情调。(　　)

6. 形式美是一种具有相对独立性的审美对象。它与美的形式之间有质的区别。美的形式是体现合规律性、合目的性的本质内容的自由的感性形式，也就是显示人的本质力量的感性形式。(　　)

任务六 Task 6

解构动作——形态隐喻

任务目标

总目标：

分析素材获取灵感，应用形态隐喻的手法和瓦楞纸纸材，设计制作一个动态解构的模型。

分目标：

(1) 能够赏析生活和设计中的造型作品，解析其中蕴含的物理和心理力感；

(2) 能够分析图示或图片的形态、结构，并设计、制作具有动态结构的形态；

(3) 能够了解瓦楞纸的特点，并学会瓦楞纸制作技巧；

(4) 能够获得对形态美感和抽象空间的敏感性。

建议学时：

9 课时。

任务背景

2015 年 9 月 16 日，杭州获得第 19 届亚运会主办权，杭州也成为继北京和广州之后，中国第三个取得亚运会主办权的城市。2022 年 8 月 8 日，杭州亚组委发布了亚运会历史上首套动态体育图标。体育图标是用于代表体育运动、体育赛事的标志性图案，它可以不依靠语言和文字，帮助人们识别和区分不同的体育组织和竞赛项目，也可以作为重要的宣传推广工具，传达主办国的举办理念和文化特色。

杭州亚运会的体育图标是由中国美术学院团队，历时一年半反复打磨优化，精心创作而成(图 6-1)。在色彩上，动态体育图标沿用了杭州亚运会主形象色“虹韵紫”。除虹韵紫外，亚运会色彩系统还包括映日红、水墨白、月桂黄、水光蓝、湖山绿等辅助色彩。而这套色彩系统的灵感则来源于诗人苏轼的诗句“欲把西湖比西子，淡妆浓抹总相宜”。

在静态图标设计方面，设计团队将线条作为主要表现形式，以“钱江潮涌”作为背景，每一个体育图标都像是在扇形的水波纹上运动，带给人很强的律动感和速度感。在静态图标的基础上，设计团队采用动作捕捉与游戏引擎作为设计的核心技术，通过动态运动过程、背景刷入、定帧展示三部曲，对体育运动的"态"与"势"进行演绎，产生了流畅的动画效果。

以击剑的体育图标为例(图 6-2)，它由一个跨步动作和击剑动作完成。设计团队利用了一种在影视剧中会使用的特效——子弹时间，用一个优雅的慢动作对这个快速的动作进行了回放，让更多人可以通过体育图标来理解击剑项目中人体的动作、节奏和韵律感，这是一种视觉美学的表达(图 6-2)。

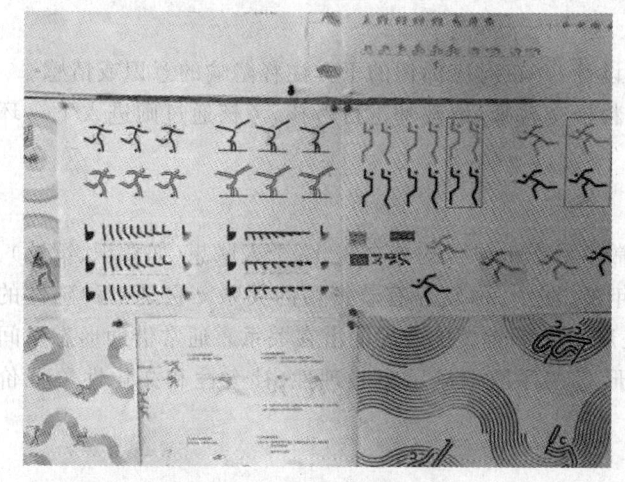

图 6-1　设计稿

图 6-2　击剑图标

动态体育图标设计，仍基于静态体育图标的视觉形象所展开。但两者最大的区别在于学科边界的认知不同。传统的平面设计是一个二维空间里的信息元素处理，这种形态通过黑白关系、节奏关系达到了一种画面最佳状态。随着科技发展，数字媒体拓宽了表现力，动态平面成为设计新常态。这种将无数个静态图标串联出来的形式，是基于静态图标，也兼具了动画特征。因此，在兼顾传统语言特征的前提下，设计需要转变专业思路。

可见设计是人类的另一种语言，通过简单的线条就可以传达形态物属性之外的内容，显示出形态在环境中的心理性、社会性和文化性象征价值，这就是设计的隐喻功能。

任务描述

本任务是利用瓦楞纸设计并制作一个动态解构模型。学生首先要学习形态隐喻的含义及类型，其次利用提供的素材图片和纸材快速设计并制作一组曲面造型，隐喻对应的图片内容。教师需要考核作品中是否有恰当的隐喻，学生需要学习瓦楞纸的特点和制作手法，最后需要从教师提供的动态动作中选取一个动作，解构出动物的关节结构并绘制出来，利用瓦楞纸制作能够反映动态动作的模型，从而掌握形态隐喻在造型设计中的应用手法。

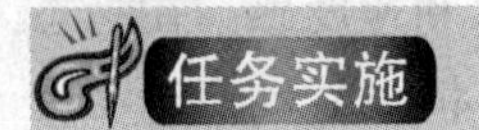

环节一　绘制标识

一、具体步骤

第1步：学习形态隐喻的含义以及形态隐喻的类型。

第2步：设计隐喻体现在两个方面，即抽象事物的具象化和具体事物的可视化。请设计6个标识，能够隐喻学校的社团、实训室、工作站等场室相关内涵，用黑色绘图笔绘制在相应的纸张上。

第3步：拒绝具象图形的堆叠设计，并在对应标识的下方注释隐喻的意识或情感。

第4步：完成后将相应成果资料提交教师，请教师进行考核，考核通过则进入下一环节，未通过则重新绘制。

二、相关知识

形态隐喻是指内涵性语意，通常指形态中包含的社会文化、个人联想（如意识、情感），这些与形态的观察者的阶级状况、年龄、性别、种族等有着密切的关系。它是一种感性的认知，更多地与形态的生成相关，是形态中不能直接表现的潜在关系。通常借助形态来间接说明形态物质属性以外的内容，形态在环境中显示出心理性、社会性和文化性象征价值。形态隐喻有以下4种类型。

1. 功能性语意

功能性语意是指产品所表现出来的功能性特征及其使用方式。功能性语意强调产品的实用性、适用性、易操作性、可靠性等。产品功能性语意的合理表达离不开对人的生理特征和心理特征的研究，在设计时，需要根据人机工程学原理，研究用户的认知行为和使用习惯，整合工艺、材料、色彩、肌理等多种要素来确定产品的形态。重点考究在使用过程中好拿、好放、好用，产品把手距离适当，粗细适度，肌理自然，并提高生产效率，降低资源消耗，实现可持续发展等问题。

2. 象征性语意

随着社会个性化需求的提升，产品的差异化特征变得越来越明显，它不再是单一的有形个体，而是越来越演绎为一种身份、文化、观念、时代的象征，并通过产品的造型符号传递出来，成为功能之外的附加价值，这正是产品象征性语意的主要特征。

3. 趣味性语意

产品趣味性语意是指产品所表现出来的趣味性和创意性，它可以让产品别具一格，吸引用户的注意力和兴趣，增强用户的购买欲望和使用愉悦度。趣味性语意的表达，除了直接通过有趣的形态、色彩、肌理等来实现，也可以借助巧妙设计的造型和结构产生新的使用方式来间接实现。

4. 关怀性语意

产品关怀性语意是指产品不仅能满足功能需求，还能上升到精神层面的关怀，尤其是对特殊人群如老人、儿童、病人、残疾人等的关怀和体贴。产品关怀性语意是产品所具有的人性化、情感化的表现,也体现了“以人为本”的产品设计理念。产品关怀性语意使用户感受到产品的温度和关怀,那么产品必将更受顾客的青睐,减少用户的流失。

环节二　快速构型

具体步骤如下。

第1步:观察图6-3中的3个作品,在相应的纸张上用文字说明相关含义或者你理解的情感(不少于100字)。

图6-3　需解构动作案例

第2步:准备1张A4纸,裁剪成3张宽4cm,长20cm的纸条,并在两端剪一个小口,通过纸张的穿插、扭曲来制作各种物体的形态,进行快速形态练习,参考图6-4。

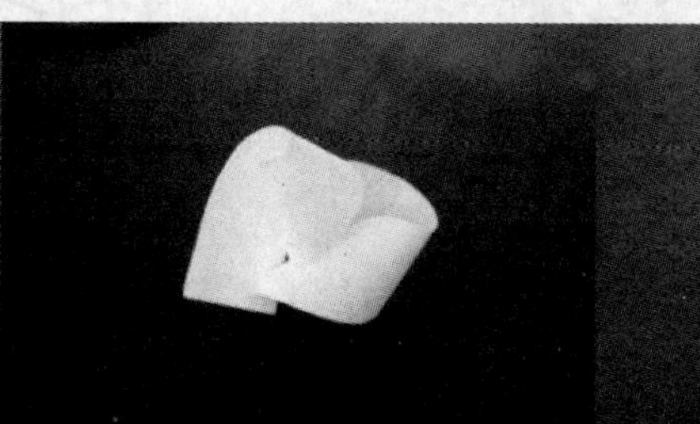

图6-4　快速构型示范案例
(设计:祝钰琪、童晴雨、郭豪熠)

第3步:完成后将作品摆放在工作台面,请教师进行考核,考核通过则进入下一环节,未通过则重新制作。

环节三　解构动态绘制

具体步骤如下。

第1步:参照图6-5“咬”和“伸”的解构动态绘制案例,从图6-6～图6-8提供的3张图片中相应选择1张作为形态提取的素材(学号除以3余数为0的选择图6-6,余数为1的选择图6-7,以此类推),分别以“跃”“挠”“握”等动物的动态为主题,用线条抽象其特征,并将特征形态绘制在相应纸张上。

要求:特征具有典型性,线条流畅,生动展现动物特点和动态特征;适当加入自己的日常观察经验,有必要的文字标注,帮助理解图形和动态。

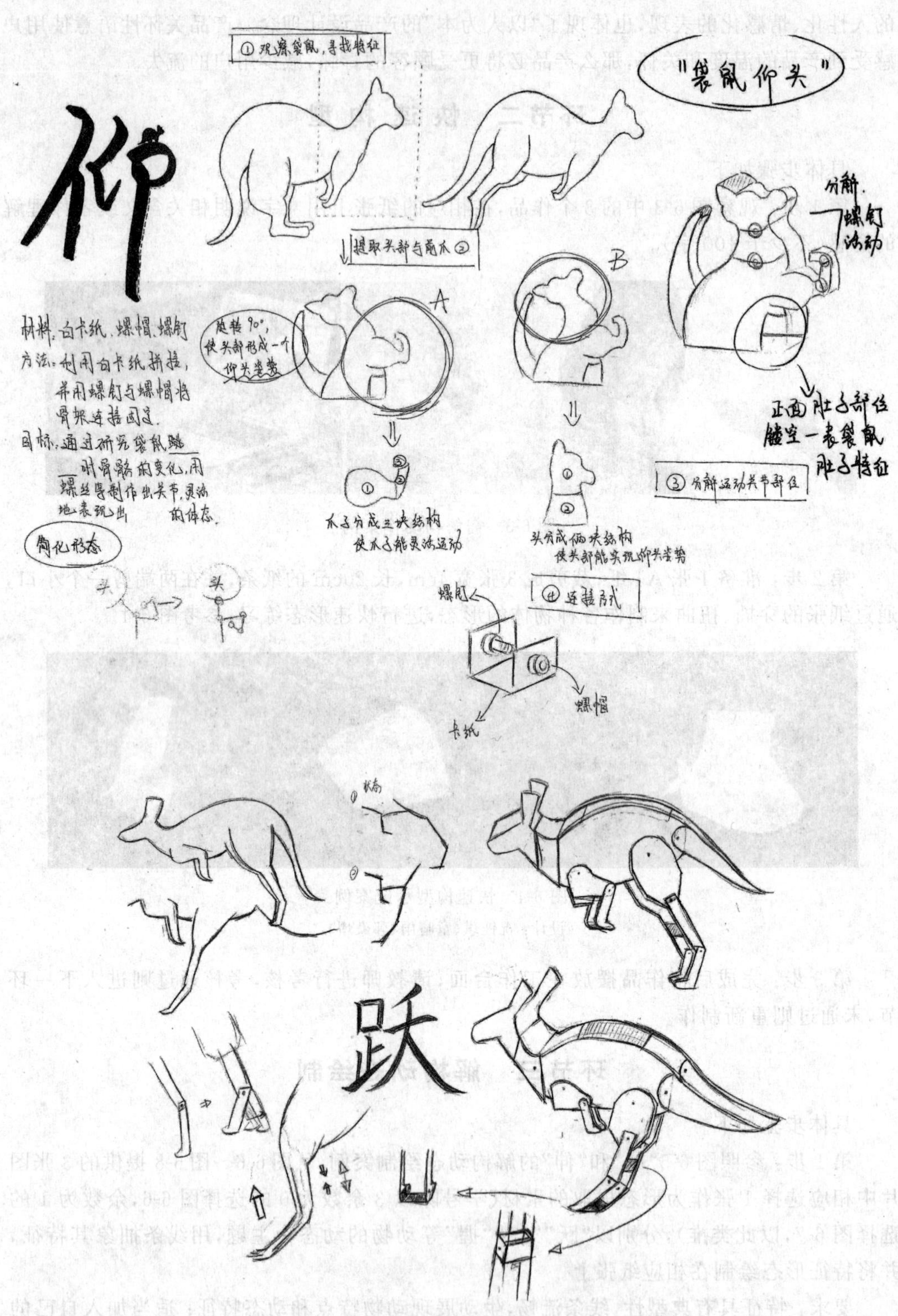

图 6-5　解构动态绘制案例 1 和 2

图 6-6　动态绘制素材 1

图 6-7　动态绘制素材 2

图 6-8　动态绘制素材 3

第 2 步：结合动物自身特点，分析上一步绘制的动态特征，理解其中的活动关节、固定关节、支撑结构等，将其分解成立体的片状结构，并绘制在相应纸张上。

要求：按要求使用绘图工具；至少包含 2 个透视视角，标注模型的整体基本尺寸比例，以及可活动关节的转动或移动方向；透视图能明显显示纸板数量、结构、大小以及连接方式。

第 3 步：完成绘制后，请教师进行考核评分。考核通过则进入下一环节，未通过则重新绘制（总共可申请两次考核）。

环节四　解构动态解析

一、具体步骤

第 1 步：根据上一环节绘制的立体图，拆解其形态和结构，绘制在相应的纸张上，形成部件展开图，位置尽可能对应，尺规作图，参考图 6-9。

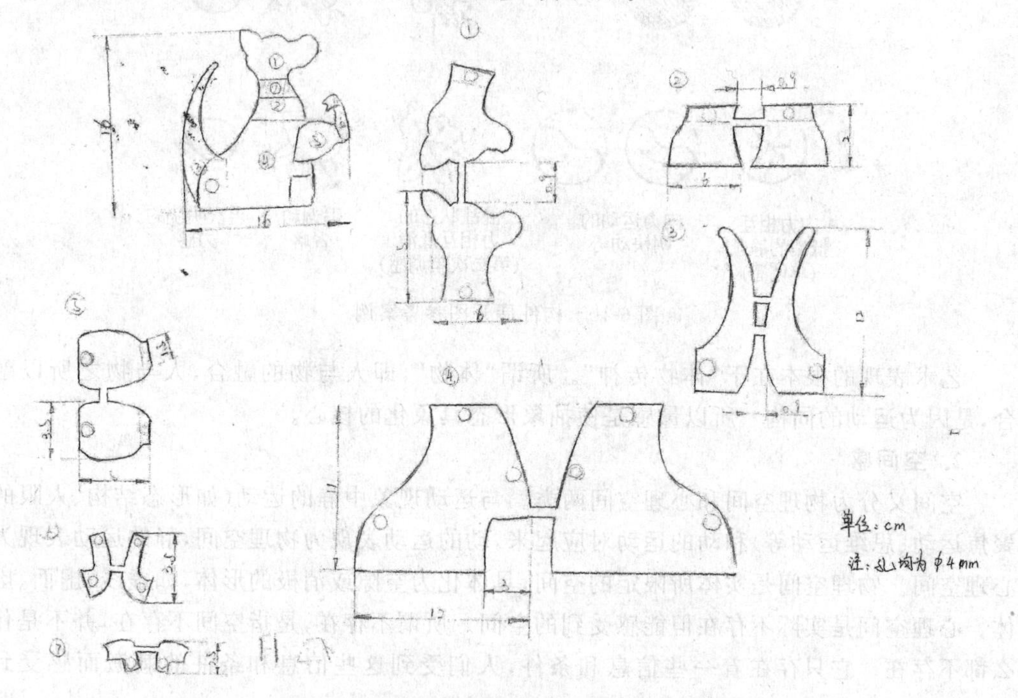

图 6-9　构件展开图参考案例

第 2 步：设计考虑制作的主体材料为硬卡纸，连接结构为螺钉螺母或蜡线，保证最后组装模型整体尺寸大于 15cm×15cm×15cm 且小于 30cm×30cm×30cm，并在相应构件或结构中绘制，适当用文字标注。

第 3 步：完成绘制后，请教师进行考核评分。考核通过则进入下一环节，未通过则重新绘制（总共可申请两次考核）。

二、相关知识

量感与空间感具体如下。

1. 量感

所谓量感，是指心理对形态本质（内力的运动变化）的感受（图 6-10）。为什么内力的运动能被感受为量呢？首先，因为这种神秘的力量是通过形体的全部变换展现出来的。其次，我们所说的感觉带有知觉的性质，主要来自主观对客观事物的感应、来自过去的经验。最后，运动本身确实能产生一种视觉的量。例如，健美运动员本身的物理量并没有变化，只要通过各种动作促使肌肉紧张，就能把肌肉所储藏的能量充分显示出来。换句话说，做动作与不做动作所表现的量感是不同的。因此，量感是对物体内力运动变化的形体表现之感应。

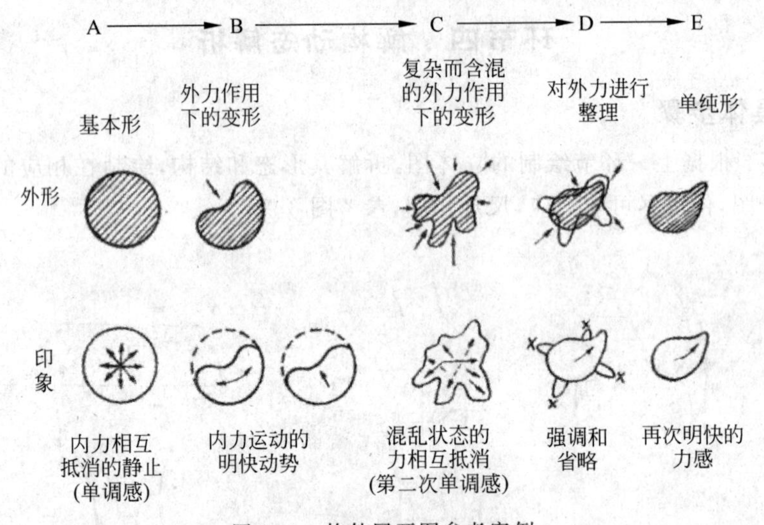

图 6-10　构件展开图参考案例

艺术表现的根本在于“体物传神”。所谓“体物”，即人与物的融合，人与物之所以融合，是因为运动的同构。所以量感是使抽象形态具象化的核心。

2. 空间感

空间又分为物理空间和心理空间两类。与运动现象中静的运动（如形态结构、人眼的聚焦运动、思维运动等）和动的运动对应起来，动的运动表现为物理空间，静的运动表现为心理空间。物理空间是实体所限定的空间，具体化为空隙或消极的形体，如虚线、虚面、虚体。心理空间是实际不存在但能感受到的空间。所谓不存在，是指空间不存在，并不是什么都不存在。它只存在着一些信息和条件，人们受到这些信息和条件的刺激而感受到空间。

环节五 解构动态制作

一、具体步骤

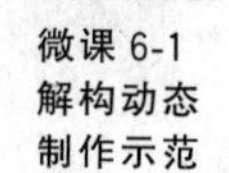

微课 6-1
解构动态
制作示范

第 1 步：准备 1 张 1m×1m 的瓦楞纸或 2 张 A4 白色硬卡纸，以及若干螺钉组合、蜡线，准备好剪刀、美工刀、刻刀、钢直尺等工具。

第 2 步：学习瓦楞纸的特点以及制作手法，观察领取的瓦楞纸的正反面特点、截面状态、纸张层数等。

第 3 步：通过微课 6-1 学习解构动态制作的基本流程，并根据上一环节绘制的动态解构构件图，裁剪或切割需要的构件，要求与设计尺寸一致，构件边缘光滑，表面干净。

第 4 步：按照设计的动态形态，仅使用螺钉组合或蜡线连接构件，不得使用胶接。

第 5 步：检验原型能够按动物实际的动态特征转动或移动。

第 6 步：完成制作后，将作品摆放于台面上，请教师进行考核评分。考核通过进入下一环节，未通过则重新制作（总共可申请两次考核）。

二、相关知识

1. 瓦楞纸的特点

瓦楞纸板是一种重要的包装材料，因其量轻且价格便宜，广泛应用于物流、包装、运输等领域。瓦楞纸板具有轻便、坚固、耐冲击、耐压缩等优点，可以有效保护包装物品，在运输和储存过程中防止损坏，同时瓦楞纸能回收甚至重复利用，可以减少包装成本和对环境的污染。因此，瓦楞纸在与多种包装材料的竞争中获得了极大的成功，成为迄今为止长用不衰并呈现迅猛发展的制作包装容器的主要材料之一。

瓦楞纸板由面纸、里纸、芯纸和加工成波形瓦楞的瓦楞纸通过黏合而成（图 6-11）。其中面纸是指纸板的表面，可以选择不同材质和厚度的纸张。瓦楞纸是指纸板的中间层，由大量波形纸板叠压而成，可以选择不同的瓦楞形状和密度。

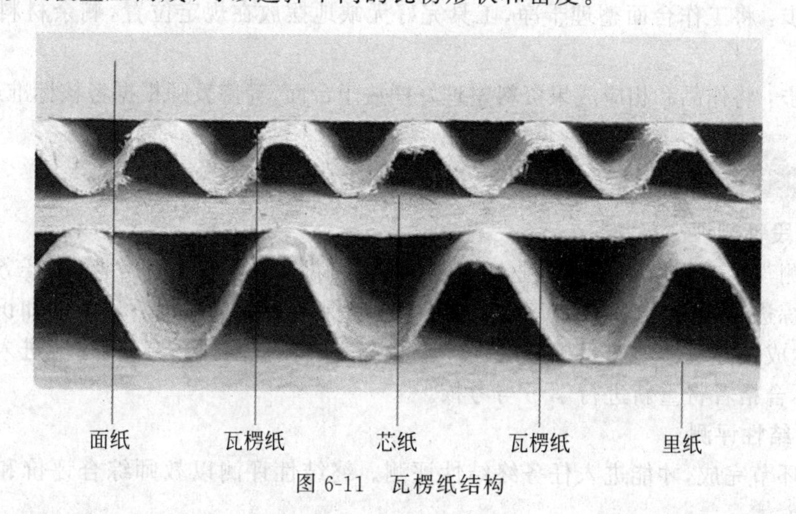

图 6-11 瓦楞纸结构

2. 瓦楞纸的类型

瓦楞纸板根据不同的瓦楞形状和厚度，可以分为单瓦、三层、五层、七层、十一层等不同种类(图 6-12)。单瓦瓦楞纸板适用于轻型包装,一般用作商品包装的贴衬保护层或制作轻便的卡格、垫板以保护商品在储存和运输过程中的震动或冲击。三层和五层瓦楞纸板在制作瓦楞纸箱中是常用的。许多商品通过三层或五层瓦楞纸板进行简单而精美的包装,在瓦楞纸箱或瓦楞纸盒的表面印制靓丽多彩的图形和画面,不但保护了内在的商品,而且宣传和美化了商品。许多三层或五层瓦楞纸板制作的瓦楞纸箱或瓦楞纸盒已堂而皇之地直接摆上销售柜台,成了销售包装。七层或十一层瓦楞纸板更加坚固,可用于包装重量较大的物品,如电器、家具、机械设备等,具有较好的抗压性和抗震性能,能够承载较大的重量。在特定的商品中,可以用这种瓦楞纸板组合制成内、外套箱,便于制作,便于商品的盛装、仓储和运输。随着环保的需要和国家相关政策的要求,这类瓦楞纸板制作的商品包装有逐渐取代木箱包装的趋势。

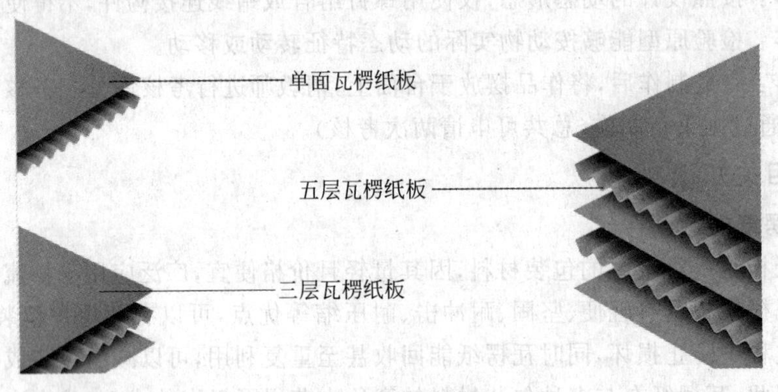

图 6-12 瓦楞纸类型

环节六 整理提交作品

具体步骤如下。

第 1 步:将工作台面整理干净,工具完好无缺地摆放在规定位置,剩余材料进行整理归纳入库。

第 2 步:将作品和相应成果资料整理好摆放于台面,等待教师根据考核标准进行考核。

评价考核

1. 阶段性测评

为检测学生对于每一环节专业知识与操作的掌握,各环节设有考核,把任务的知识点学习和训练进行分解,分阶段有序地检查反馈,确保学生能掌握每一环节的知识点与操作技能,为达成任务总体学习目标做好保障。只有完成环节测评并合格,才能进入下一环节的学习,不合格者将重新进行学习与考核。

2. 终结性评测

所有环节完成,才能进入任务终结性评测。终结性评测以教师综合评价和综合测试相结合的方式。

(1) 教师综合评价

教师将依据表 6-1 的考核评分表对学生的学习态度、工作习惯和作品质量进行总体评价，60 分以上合格，合格才能进入下一任务的学习。

表 6-1　考核评分表

序号	内容及标注		配分	自评	师评
1	图标绘制（15 分）	图形和线条规整清晰	5		
		能够隐喻对应场室功用或内涵	5		
		图标具有创新和美感	5		
2	快速构型（25 分）	模型能够表达图片特征	10		
		裁切或折痕规整	5		
		形态具有创新和美感	10		
3	动态解构（35 分）	解构模型与设计草图一致	5		
		裁剪或折压的线条规整	5		
		模型尺寸符合要求	5		
		模型按要求应用连接方式	10		
		模型具有创意和美感	10		
4	课堂表现（15 分）	遵守工作站学习秩序和学习纪律	5		
		参与任务实施的积极性较高	5		
		跟随教师引导认真完成任务	5		
5	安全规范（10 分）	工具摆放整齐	2		
		工作台面整洁	2		
		在安全要求下使用工具	3		
		节约材料和耗材	3		
总分					

（2）综合测试

综合测试以客观量化题为主，满分 100 分，考核分数达到 90 分才能进入下一任务的学习，否则继续学习直至达到 90 分以上为止，总共可申请两次考核。

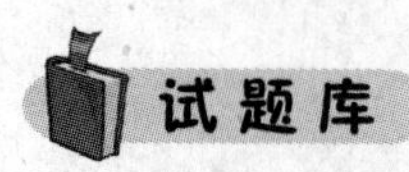

试题库

一、选择题

1. 空间大致分为（　　）空间和心理空间两类。

A. 数字　　B. 物理　　C. 网络　　D. 宇宙

2. 动的运动表现为物理空间，静的运动表现为（　　）。

A. 数字空间　　B. 物理空间　　C. 网络空间　　D. 心理空间

3. 瓦楞纸板中的波浪形纸减少了宽度，增加了厚度，所以抗弯曲能力大大（　　）。

A. 增加　　B. 增强　　C. 减少　　D. 减弱

4. 产品设计崇尚“以人为本”，归纳起来可以将“人”区分为人性、人种和（　　）三个层次。

A. 人际　　B. 人事　　C. 人物　　D. 人形

5. 形态在环境中显示出（　　）、社会性和文化性三个象征价值。

A. 心理性　　B. 物理性　　C. 个体性　　D. 发展性

6. 杭州举办的第19届亚运会于(　　)开幕。

A. 2022年9月23日　　B. 2022年10月8日

C. 2023年9月23日　　D. 2023年10月8日

7. (　　)不是杭州第19届亚运会吉祥物的名字。

A. 莲莲　　B. 琮琮　　C. 宸宸　　D. 盼盼

二、判断题

1. 量感是对物体内力运动变化的形体表现之感应。(　　)

2. 波浪形由连续的拱形组成,受压时,拱会产生外推力,相邻拱的外推力会互相抵消,从而承受更大的力。(　　)

3. 18世纪初瓦楞纸因其自身量轻而且价格便宜,用途广泛,制作简易,且能回收甚至重复利用,使它的应用有了显著的增长。(　　)

4. 设计隐喻体现在抽象事物的具象化和具体事物的可视化两个方面。(　　)

5. 物理空间是实体所限定的空间,具体化为空隙或消极的形体。(　　)

6. 三层或五层瓦楞纸板主要为机电、烤烟、家具、摩托车、大型家电等制作包装箱。(　　)

7. 瓦楞纸板是由面纸、里纸、芯纸和加工成波形瓦楞的瓦楞纸通过黏合而成的。(　　)

任务七 Task 7

包装灯泡——形态构造

任务目标

总目标：

使用规定瓦楞纸为 2 个灯泡设计包装盒，使得灯泡既固定稳定，又便于取放，并且按要求应用结构。

分目标：

(1) 能够描述并分析产品中出现的形态构造分类；

(2) 能够在造型设计中运用形态构造的构成原理；

(3) 通过连接结构的训练，能够掌握 EVE 材料的特点和应用技巧；

(4) 能够通过解析现有产品，得到构造的较优解，提升构造创新设计能力。

建议学时：

12 课时。

任务背景

"灯具要提供一种无眩光的光线，并创造出舒适的氛围"，这是 1920 年保尔·汉宁森提出的灯具设计理念。

保尔·汉宁森是一位著名的丹麦设计师，也被誉为丹麦最杰出的设计理论家，1894 年出生于奥德拉普，1911—1917 年在哥本哈根的技术学校和丹麦科技学院接受培训。1920 年，汉宁森成为哥本哈根市独立建筑师，他成功地设计了几幢住宅、工厂和两个剧院的室内。1924 年，保尔·汉宁森为丹麦照明品牌——路易·波尔森设计了一款多片灯罩灯具(图 7-1)，这款灯具于 1925 年在巴黎国际博览会上展出，赢得了所有六类照明灯具的最高奖项，后来发展为极为成功的 PH 系列灯具，至今畅销不衰。

保尔·汉宁森也通过这款灯具表达了自己的设计理念。汉宁森认为照明应当大面积遮住直接从光源发射的强光，以创造出一种美丽、柔和的阴影效果，覆盖在室内的大小物品上。还应利用一种向下的光线分布，产生一种闭合建筑空间的效果，以使灯光营造的氛

图 7-1　PH 灯(1925)

围更加柔和舒适。PH 灯具的设计也遵循了汉宁森的理念,其设计特征如下。

(1) 所有光线都经过至少一次反射才到达工作面,以获得柔和、均匀的照明效果,并避免清晰的阴影。

(2) 无论从任何角度均不能看到光源,以免眩光刺激眼睛。

(3) 对白炽灯光谱进行补偿,以获得适宜的光色。

(4) 减弱灯罩边沿的亮度,并允许部分光线溢出,避免室内照明的反差过强。

PH 系列的灯具造型整体非常简洁,不仅有极高的美学价值,还遵循了科学的照明原理,这种科学技术与艺术完美统一的设计原则,也造就了 PH 系列灯具成为斯堪的纳维亚设计风格的典型代表。斯堪的纳维亚设计风格是一种现代风格,它既注重产品的实用功能,又强调设计中的人文因素,同时欣赏有机形态和自然材料的应用,因此也可以称之为有机现代主义。这种有机的设计风格打破了包豪斯所提出的几何形体,更多地采用曲线或 S 形。原本刻板冰冷的几何形体被设计师完美地消写在了自由形态当中。他们不仅试图在功能上满足使用者的需求,更注重在心理层次给予最细微的关怀和舒适感,从而产生一种富于人情味的现代美学。

任务描述

本次任务是设计一个形态构造满足包装 2 个灯泡的相关要求。学生首先学习形态构造的类型并通过案例辨别形态构造类型在设计中的应用,接着深入学习折叠构造、契合构造和连接构造,并且通过设计制作可拆分的立方体契合构造的训练,深入理解契合构造。然后结合应用 EVA 泡棉的训练,深入理解连接构造。最后通过包装设计的案例——灯泡包装,进一步在功能和造型的统一中感受设计解决问题的首要任务,即需要设计一个灯泡包装盒能够同时包装 2 个灯泡,使得灯泡既稳固又便于取放。在此过程中学生通过解析现有产品,得到构造的较优解,提升构造创新设计能力。

任务实施

环节一　辨析形态构造类型

一、具体步骤

第 1 步:观察分析以下 4 张图片(图 7-2～图 7-5)的产品应用了哪种形态构造类型,

图 7-2　产品 1

图 7-3　产品 2

图 7-4　产品 3

图 7-5　产品 4

在相应的成果资料、产品图片下方进行标注。

第 2 步：按对产品的理解，在相应的纸张上绘制图 7-3 产品 2 和图 7-5 产品 4 的 45°透视图，圈出具体的构造结构，并绘制细节图。要求透视视角，线条清晰流畅，细节图结合箭头或符号详细说明构造作用。

第 3 步：完成后将相应的成果资料提交教师，请教师进行考核，考核通过则进入下一环节，未通过则重新绘制。

二、相关知识

构造是指物体的各组成部分及其相互关系，物体各部分通过连接组合，形成稳定的整体结构。在自然界中，每种生物都有一套各不相同的生物构造来保持其生命状态。而生物构造的多样性是“物竞天择，适者生存”后的结果，通过自然选择，每种生物都进化演变成了最合理、最适合生存的形态构造。例如，大西洋鳕鱼通过不断进化，改变繁殖期、减小体型来有效避免被捕食。

同样，产品构造作为产品设计的重要部分，也不是凭空想出来的，而是设计师为了满足产品在功能、美学、生产工艺等方面的需求，选用最合理的构造方案，让产品各部分都能协调一致，达到最佳的效果。下面来了解几种常见的产品构造形式。

1. 折叠构造

折叠构造是指一种在使用时可以展开，不用时可以折叠收起的结构。它突破了传统静态结构，而是通过折叠原理，在两种或两种以上的形态之间进行转变。目前，折叠作为一种常见的结构，广泛应用于各个领域。例如，在产品设计领域，折叠相机、折叠灯具、折叠雨伞等各类折叠产品早已层出不穷。在航空航天领域，不管是太阳能电池阵，还是可展开式天线，折叠结构都发挥着重要作用。甚至建筑设计领域也在研究和应用折叠构，例如西班牙建筑师 Pinero 设计了一个折叠游泳池，解决了城市空间紧张难以满足人们日益增长的健身需求问题。

折的两种形式(图 7-6)如下。

(1) 轴心式：以一个或多个轴心为折动点的折叠构造，最直观形象的产品就是折扇，所以轴心式也称折叠型折叠。轴心式是最基本也是应用最多的折叠形式。

(2) 平行式：利用几何学上的平行原理进行折动的折叠构造，典型形象是手风琴，所以平行式也称手风琴型。平行式可分为两种结构：一种是伸缩型，通过改变物品的长度来改变物品的占有空间，如老式相机的皮腔等；另一种是方向型，结构是平行的，而在运用时是有方向变化的，如机场机动通道的皮腔装置等。

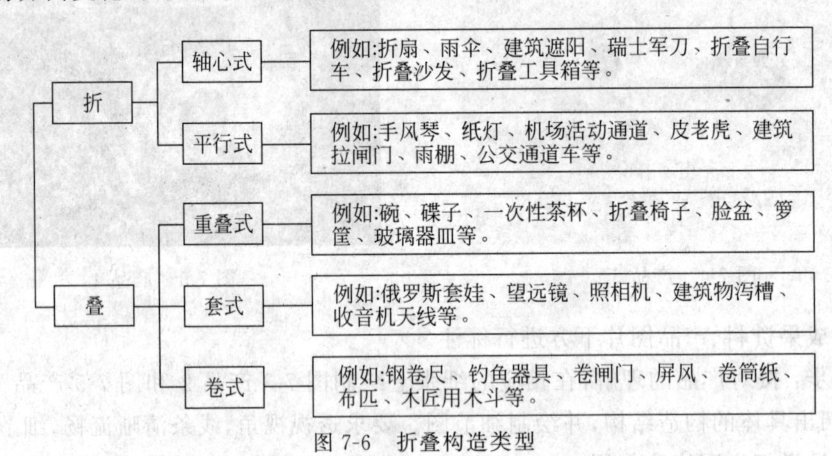

图 7-6 折叠构造类型

叠的三种形式(图 7-6)如下。

(1) 重叠式：同一种物品在上下或者前后可以相互容纳而便于重叠放置，从而节省整体放置空间。最常见的如叠放在一起的碗碟、椅子等。

(2) 套式：通常是由一系列大小不同但形态相同的物品组合在一起，特征是较大的完全容纳较小的。典型产品是俄罗斯传统玩具套娃。如长焦距数码相机等。

(3) 卷式：卷式构造可以使物品重复地展开与收拢，从造纸厂出厂的纸张和用于制作服装的坯布都是卷式形态。最具有典型的产品就是钢卷尺。

2. 契合构造

契合是指两个物体个体阴阳咬合的一种构造形式。如榫卯、拉链、拼图，可以从中找出契合构造的特征，也可以看作是契合构造三个不同的类型。契合构造设计，就是要根据功能要求，找出物体之间的相互对应关系，创造出来的物体相互配合、相互补充，由各自独立的构建通过契合形成统一体，达到扩大功能、节省材料和空间、方便储存等功效。

(1) 榫卯：契合构造的典型代表，也是中华民族智慧的结晶，如唐代佛光寺大殿与明代家具。

（2）拉链：将布料、皮革通过刚性链牙的契合构造连接在一起，并能达到开合自如的功效。19世纪末为了解决长筒靴的穿戴问题，一位名叫维特康·L.朱迪森的美国工程师，想出用一个滑动装置来嵌合和分开两排扣子。之后不断完善，就成为现在的拉链。

（3）拼图：我国古老的益智玩具之一，其中最著名的一种是七巧板。

3. 连接构造

连接构造的运用几乎存在于所有的制品结构，如包装的搭扣、皮带扣等。连接构造一般分为两大类：一是产品各个部分之间有相对运动的连接，称为动连接；二是被连接的部件之间不允许产生相对运动的连接，称为静连接（图7-7）。

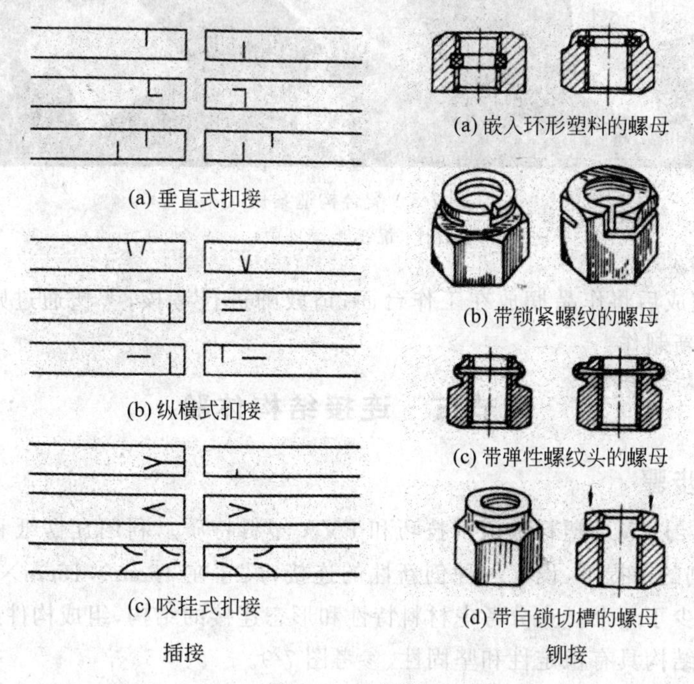

图7-7　连接构造

环节二　契合构造体验

具体步骤如下。

第1步：构思一个立方体，由2块或4块异形体块契合而成，拼合后立方体为15cm×15cm×15cm，根据形态的契合原理设计，并能够分开和拼合。需要在平面和立体之间反复思考，每个体块均由纸张折叠形成完整封闭的密封盒结构。

第2步：使用专业绘图笔，先在相应的纸张上绘制契合立方体的立体图，包含分开和拼合2个状态。

第3步：思考体块如何折叠而成，在相应的纸张上绘制每个体块的平面展开图，并标注尺寸。

第4步：准备两种不同颜色的卡纸（所需数量根据设计的方案确定），以及美工刀、剪刀、固体胶、直尺等工具。

第5步：根据平面展开图裁剪卡纸并折叠，形成契合构造的形态，参考图7-8。

图 7-8　契合构造案例

（设计：祝钰琪、童晴雨）

第 6 步：完成后将作品摆放在工作台面，请教师进行考核，考核通过则进入下一环节，未通过则重新制作。

环节三　连接结构体验

一、具体步骤

第 1 步：学习 EVA 塑料板切割技巧和 EVA 塑料特质。利用瓦楞纸和 EVA 塑料，在不适用黏结剂的前提下，设计一种创新性的连接，尺寸在 16cm×16cm×16cm 的范围内，连接构件不少于 4 个。充分考虑材料特性和形态连接的结构，组成构件必须能自由拆卸，形成的整体结构具有稳定性和坚固性，参考图 7-9。

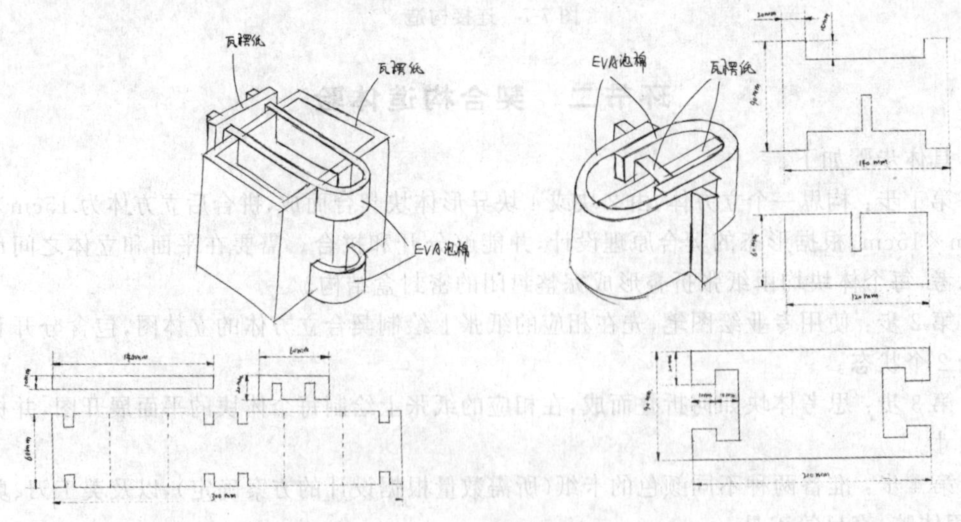

图 7-9　连接结构案例

（设计：李姝葶）

第 2 步：先在相应的纸张上绘制 2 组不同的连接结构，要求示意图能够充分说明连接原理和各个组件。

第 3 步：优选其中 1 组连接结构进行制作。准备合适数量的 EVA 塑料和瓦楞纸，以及相关工具。

第 4 步：根据上一步确定的方案稿绘制各个组件，并用美工刀或刻刀进行切割，完成后进行组装。

第 5 步：完成后将作品摆放在工作台面，请教师进行考核评分，考核通过则进入下一环节，未通过则重新制作（总共可申请两次考核）。

二、相关知识

1. EVA 塑料特质

EVA 又名乙烯-醋酸乙烯酯共聚物，是一种新型环保的包装材料（图 7-10）。EVA 泡棉材料具有许多优点，例如 EVA 泡棉的重量较轻，便于携带；EVA 泡棉的质地柔软，延展性强，方便加工成型；EVA 泡棉耐化学腐蚀，无污染，能达到环保要求；还有耐磨、防水、防震、防潮、防静电功能等。

图 7-10　EVA 泡棉

EVA 泡棉的用途非常广泛，可用于各种产品的包装保护，如电子产品、五金、陶瓷、手工艺品等，有效防止碰撞和摩擦造成的损坏；可以用于各种运动装备的保护，如头盔、护肘、护膝等，有效减少运动过程中的冲击和损伤；可以用于家居隔音、防噪声处理，如隔音板、隔音垫等，提高居住环境的舒适度；还可以用于船舶制造中，如船体隔离、吸震垫等，提高船舶的舒适性和安全性。

2. EVA 泡棉的特点

（1）耐水性：密闭泡孔结构，不吸水、不透水，耐水性能良好，适合潮湿环境下使用。

（2）耐腐性：耐海水、油脂以及酸、碱等化学品腐蚀，抗菌、无毒、无味、无污染。

（3）加工性：延展性好，易于进行热压、剪裁、涂胶、贴合等加工。

（4）防震动：回弹性和抗张力高，韧性强，具有良好的防震、缓冲性能。

（5）保温性：隔热、保温防寒及低温性能优异，可耐严寒和曝晒。

（6）隔音性：密闭泡孔，隔音效果好。

（7）款式：片材，厚度、尺寸等均可定制。

（8）颜色：普通色为黑色、灰色，也可按客户要求制作成蓝色、红色、黄色、白色等不同颜色。

（9）产品包装：PE 袋包装，也可按客户要求。

环节四　灯泡包装设计

用 1 张 1m×0.5m 的硬卡纸设计一个灯泡包装，能够将 2 个玻璃灯泡包装在一起，使被包装的灯泡在移动或运输过程中不产生损坏或晃动，参考图 7-11，具体满足如下要求。

（1）被包装的灯泡从 2m 高处掉落灯泡无损坏。

（2）除满足基本的产品包装要求之外，包装不可将灯泡完全包裹，即留有 1～2 个视口。

（3）不使用任何胶接，便于放入和取出灯泡。

(4) 材料表面不做装饰,但包装整体即造型具有展示性、美观性。

(5) 包装不得为简单几何体,至少包含 2 处插接结构。

图 7-11　灯泡包装案例

(设计：陈幸珏、祝钰琪、汪雨萱)

具体步骤如下。

第 1 步：准备 2 个灯泡和游标卡尺,观察灯泡结构并测量灯泡尺寸,并做好记录。

第 2 步：在相应纸张上绘制灯泡包装的设计方案草图,包含至少 2 个视角的立体视图(其中 1 组为展开和折叠的示意图)、1 组包含详细尺寸的三视图以及其他可以说明设计方案的图示或符号。要求设计草图具有原创性,尺规作图、布局合理、表达清晰、线条流畅,设计原理符合实际情况,能够应用插接、折叠、契合等结构包装好两个灯泡,结合实际应用场景,可适当加入提手、底座等结构以便运输存放。

第 3 步：完成绘制后,请教师进行考核评分。考核通过则进入下一环节,未通过则重新绘制(总共可申请两次考核)。

微课 7-1
灯泡包装
制作展示

环节五　灯泡包装制作

具体步骤如下。

第 1 步：观看微课 7-1,学习灯泡包装制作的基本流程。根据上一环节确定的设计方案,在相应纸张上绘制包装盒的展开平面图,要求裁剪为 3 块之内的完整形状,铅笔尺规作图,标注单位比例,能反映剪切、折叠、黏结区域,参考图 7-12。

第 2 步：准备适量的硬卡纸,准备好美工刀、直尺、固体胶等工具,根据展开平面图切割或裁剪硬卡纸(图 7-13)。

第 3 步：将 2 个灯泡包装进硬卡纸,检验是否能够正常取放,进行适当修整。

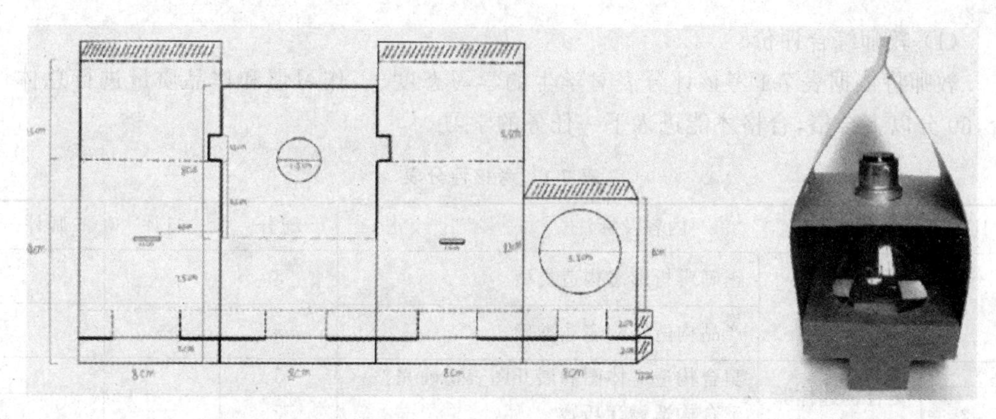

图 7-12　包装展开平面图和成品图

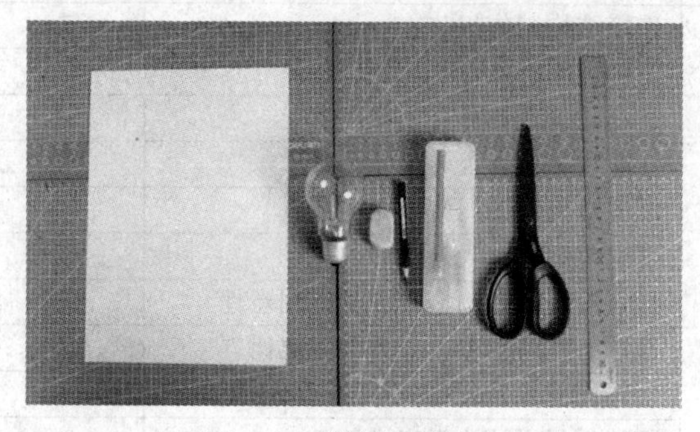

图 7-13　材料工具准备

第 4 步：完成制作后，将作品摆放于工作台面上，请教师对绘制图纸和作品进行考核评分。考核通过则进入下一环节，未通过则重新绘制(总共可申请两次考核)。

环节六　整理提交作品

具体步骤如下。

第 1 步：将工作台面整理干净，工具完好无缺地摆放在规定位置，剩余材料进行整理归纳入库。

第 2 步：将作品和相应成果资料整理好摆放于台面，等待教师根据考核标准进行考核。

评价考核

1. 阶段性测评

为检测学生对于每一环节专业知识与操作的掌握，各环节设有考核，把任务的知识点学习和训练进行分解，分阶段有序地检查反馈，确保学生能掌握每一环节的知识点与操作技能，为达成任务总体学习目标做好保障。只有完成环节测评并合格，才能进入下一环节的学习，不合格者将重新进行学习与考核。

2. 终结性评测

所有环节完成，才能进入任务终结性评测。终结性评测以教师综合评价和综合测试相结合的方式。

(1) 教师综合评价

教师将依据表 7-1 考核评分表对学生的学习态度、工作习惯和作品质量进行总体评价,60 分以上合格,合格才能进入下一任务的学习。

表 7-1 考核评分表

序号	内容及标注		配分	自评	师评
1	辨析形态构造类型(10分)	正确辨析形态构造类型	5		
		产品构造结构表达准确	5		
2	契合构造体验(15分)	契合构造立体图和展开图表正确完整	5		
		契合构造设计巧妙	5		
		模型制作规整,符合设计草图	5		
3	连接结构体验(20分)	连接结构制作规整	5		
		充分应用 EVA 材料的特性	5		
		连接结构设计具有创新性	10		
4	灯泡包装设计制作(30分)	灯泡包装符合规定尺寸	5		
		灯泡包装设计图清晰完整	10		
		灯泡包装制作规整	5		
		灯泡包装形态构造设计具有创新性	10		
5	课堂表现(15分)	遵守工作站学习秩序和学习纪律	5		
		参与任务实施的积极性较高	5		
		跟随教师引导认真完成任务	5		
5	安全规范(10分)	工具摆放整齐	2		
		工作台面整洁	2		
		在安全要求下使用工具	3		
		节约材料和耗材	3		
总分					

(2) 综合测试

综合测试以客观量化题为主,满分 100 分,考核分数达到 90 分才能进入下一任务的学习,否则继续学习直至达到 90 分以上为止,总共可申请两次考核。

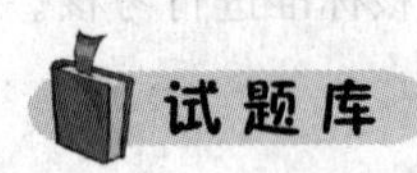

一、选择题

1. 所有 PH 灯的灯罩曲线都依照等角(　　)设计的。

A. 环线　　　　　　　　B. 螺线　　　　　　　　C. 射线

2. 下列关于汉宁森设计的 PH 灯具的设计特征描述不正确的是(　　)。

A. 所有光线都只经过一次反射才到达工作面,以获得柔和、均匀的照明效果,并避免清晰的阴影

B. 从任何角度均不能看到光源,以免眩光刺激眼睛

C. 遵循了科学技术与艺术完美统一的设计原则

3. 契合是指两个物体个体阴阳咬合的一种构造形式。(　　)不属于契合构造三个不同的类型。

A. 榫卯　　　　　　　　B. 拉链　　　　　　　　C. 伸缩

4. 1920 年汉宁森提出“灯具要提供一种无眩光的光线,并创造出舒适的氛围”。下列(　　)图中的灯具是他的设计作品。

A. 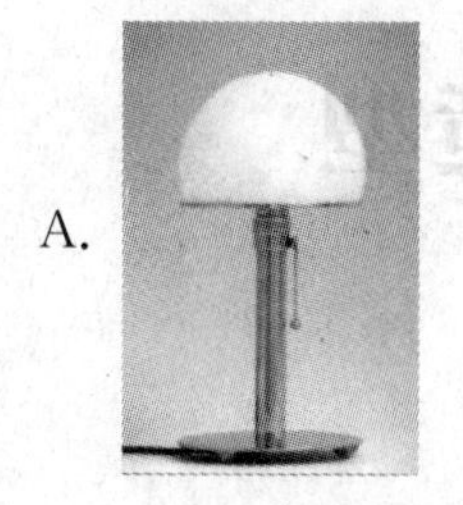　B. 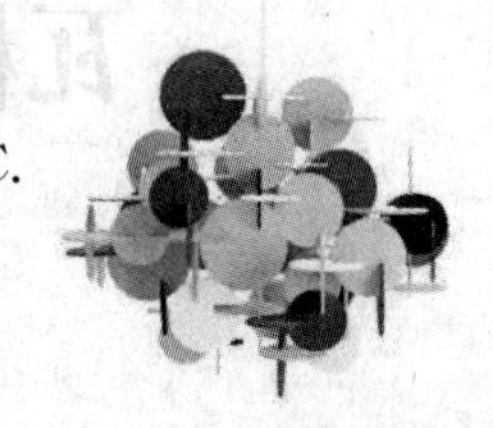　C.

5. 下列形式中不属于折叠构造中“叠”的形式的是(　　)。

A. 平行式　　　　　　　B. 重叠式　　　　　　　C. 套式

6. 下列产品中没有应用到折叠构造中“折”的形式的是(　　)。

A. 　B.　C. 

二、判断题

1. 连接构造一般分为动连接和静连接两大类。被连接的部件之间不允许产生相对运动的连接,称为动连接。(　　)

2. 平行式可分为两种结构:一种是伸缩型,通过改变物品的长度来改变物品的占有空间。还有一种是方向型,结构是平行的,而在运用时是有方向变化的。(　　)

3. EVA 泡绵是一种新型环保的包装材料,已经被广泛应用于五金、家电、陶瓷、手工艺品、电子产品、家具、玩具等产品。(　　)

4. 契合构造的运用几乎存在于所有的制品结构,如包装的搭扣、皮带扣等。(　　)

5. EVA 泡绵具有柔软、质轻、导电系数高、无污染、耐磨的特点。(　　)

6. 我国古老的益智玩具七巧板属于契合构造中的榫卯结构。(　　)

7. 折叠构造中的轴心式是以一个或多个轴心为折动点的折叠构造,最直观形象的产品就是折扇,所以轴心式也称折叠型折叠,轴心式是最基本也是应用最多的折叠形式。(　　)

任务八 Task 8

瓦楞纸椅——综合造型

任务目标

总目标：

为学校数字化技术中心的展厅休闲区，设计满足师生需求又富有设计感的坐具，全部使用瓦楞纸进行制作样机。

分目标：

(1) 能够在运用瓦楞纸设计具有实际意义产品的过程中，理解产品设计基本流程，特别是设计定位；

(2) 能够在坐具设计的训练中，初步了解人机工程学的重要性，并掌握人机工程中的坐姿标准；

(3) 能够在学生设计实训和独立研究课题的过程中，建立诚恳的设计态度。

建议学时：

18 课时。

任务背景

2019 年 1 月 18 日，任天堂基于 Nintendo Switch 推出一款创意的游戏套件——Nintendo Labo(图 8-1)。Nintendo Labo 是以 DIY 为主题，利用瓦楞纸板组装出不同的玩具和游戏控制器，例如遥控车、钓鱼竿、钢琴、摩托车和玩具屋等。制作好的玩具和游戏控制器可以与 Nintendo Switch 主机进行连接，通过 Joy-Con 控制器进行互动体验。Nintendo Switch 作为整个游戏和玩具的核心，提供游戏的运行和控制。

新套件与之前相比，主要添置的还是一些纸板式的配件，并没有应用特别前沿的技术，主要还是使用手柄上的 IR 摄像头。在这些纸板配件上会有一些反光部件，IR 摄像头就是通过计算这些反光来触发相应的功能。虽然在配件和技术上没有很大的改变，但是在玩法上却开发出了更多可能性。

Make、Play、Discover 是 Nintendo Labo 包装上的三个标语，这也体现了 Nintendo

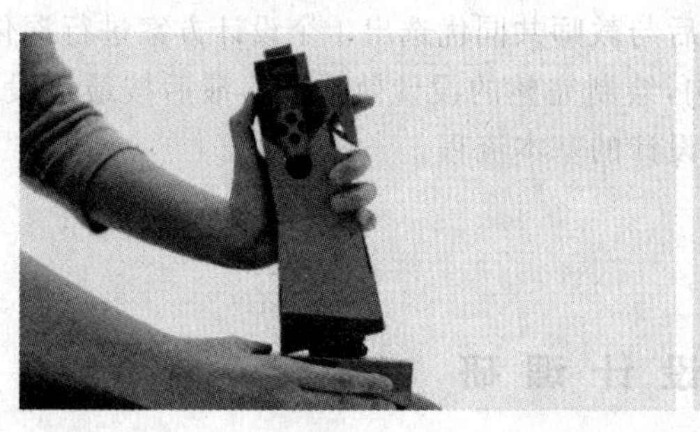

图 8-1　Nintendo Labo

Labo 想要玩家体验到的三个阶段。首先是制作阶段，制作本身就是一件极富乐趣的事，玩家通过亲手打造属于自己的玩具，就能获得巨大的成就感和期待感。同时，Nintendo Labo 的玩法非常丰富，可以满足不同年龄段、不同兴趣爱好的玩家需求，如探险、音乐、竞技等。此外，玩家也可以在游戏中尝试不同的互动方式和玩法。玩家在体验时，会发现制作、游玩、探索这三个过程的界限变得愈发模糊，甚至 Nintendo Labo 的魅力更在于 Discover。

当 Labo 团队扩充到 10 人以后，开发成员也开始正视模具材料方面的问题。尽管塑料已经比金属等更廉价，但考虑到生产周期和原材料价格等方面的问题，其基础成本一直都无法避免。

阪口翼和河本浩一在采访中也说："我们会选用纸板，是因为这是一种易于寻找且成本更低的材料，另外我们希望达成的是一种可以快速修复，并立即体验的循环往复的状态。"

根据采访可以得知，设计团队考虑使用纸板材料作为 Nintendo Labo 的配件材料，主要是考虑到价格成本和材料耐久性的问题。虽然在进行大动作的体验游戏时，瓦楞纸板很容易由于碰撞、挤压、沾水等情况导致配件损坏，无法使用。但由于瓦楞纸板的成本非常低，又便于获得，即使坏了也可以再购买替换组件。同时，瓦楞纸板与其他材料相比，也更为安全，Nintendo Labo 也根据欧美日地区不同的安全标准做了适配，这样儿童也可以放心使用。不过由于纸板也存在很多局限性，例如其材质本身还非常脆弱，某些对于材料强度要求高的项目就无法制作了。

任务描述

利用之前学习的造型设计内容，全部采用瓦楞纸设计并制作一个坐具。坐具适合摆放在数字化技术中心的展厅休闲区，具有一定的美观性、实用性。椅子的具体功能和样式不限，有无靠背、有无扶手、能否折叠均可，但必须实现稳定承受一个 60kg 的人的重量。在设计前需要对目前市场上的坐具进行市场调查，以及了解师生对展厅坐具的需求情况，有目的地提出设计方案，在加工制作的过程中尽可能节约材料。设计务必原创，严禁抄袭国内外网站的现有设计方案。下面请按产品设计的基本流程完成该任务。

学生首先进行实际场景地点的观察调研，以及相应的网上调研，从而明确设计的方向，提交一份坐具调研的 PPT。接着针对确定的坐具定位提出 3 个设计方案，并绘制设计草图,详细说明解决问题的方式方法。然后与教师共同优选出1个设计方案进行深化,需要思考和学习人体坐姿对坐具的设计影响,绘制完整的设计效果图。最后按最终设计方案加工制作坐具模型,从而初步感受产品设计的基本流程。

环节一 设计调研

一、具体步骤

学习产品设计定位的概念。然后对本课题——贴近生活的坐具创新设计,进行探讨。现在你可能觉得灵感很多或者脑袋空空,这都导致你无从下手,那么就从以下几个方面的研究开始你的任务。

第1步:利用午休、活动课期间,观察师生在展厅休闲区的状态,喜欢什么样的坐姿?在使用椅子、沙发、凳子过程中有什么"痛点"?需要什么其他的功能?拍摄3张能够反映问题的照片上传。

第2步:到专教机房使用计算机,针对上一步骤的问题查阅资料,分析总结已有产品案例是如何解决你发现的问题的,并保存收集起来。

第3步:查阅资料的同时,对现有市场椅子的形态、色彩和功能也要有所分析和总结,并保存收集起来。

第4步:将前一环节的所有发现总结做成1份坐具调研的PPT,图文并茂,有总结有分析,PPT不少于10页并且提出明确的设计定位。完成后将PPT提交教师,请教师进行考核,考核通过则进入下一环节,未通过则重新制作。

二、相关知识

产品定位就是企业对应什么样的产品来满足目标消费者或目标消费市场的需求。首先,产品定位需要考虑目标市场、目标用户、竞争对手等因素,以确定产品的差异化特点和市场定位。市场定位是在产品定位之前进行的,产品定位也是对目标市场的选择与企业产品结合的过程,也就是将市场定位企业化、产品化的工作。

其次,产品定位的顺序应该在产品设计之前、品牌定位之后。品牌定位是以品牌的核心竞争力和差异化特点为基础,结合目标消费者的需求和期望,树立一种独特的品牌形象。如果没有正确的品牌定位,即使其产品质量再高、性能再好,无论采用何种营销策略,也很难成功。因此,最为合理的顺序是品牌定位——产品定位——用户需求分析——产品设计。但在实际的生产工作中,也存在产品设计完成后,再进行产品定位的情况。

产品定位需要对目标人群、用户需求和产品价值进行深入的思考分析后,再对产品进行定位描述,描述需要简洁明了、清晰准确,切勿长篇大论,最好"一句话说明白"。产品定位一般采用五步法:满足谁的需求(Who),他们有什么需求(What),产品是否满足需求(IF),如何满足需求(Which),如何推广(How)。下面重点阐述三个方面。

1. Who——做给谁?目标市场定位:满足谁的需求

确定产品所面向的目标市场,包括市场的规模、增长潜力、市场细分等因素。接着要为产品找到合理的市场位置，在确定市场位置时，需要考虑产品的特点、明确目标用户，以及目标用户的购买力等。还可以通过用户画像等方式，让目标用户的形象特点更为清晰。

2. What——做什么？产品需求定位：用户有什么需求

通过研究产品的属性、功能、性能等因素，确定产品的差异化特点和市场优势。再对产品进行综合性、概括性的描述，让用户知道这个产品对用户的价值，帮助用户解决什么需求。看以下几点有没有一些启发。

(1) 可以定位在产品的某种属性上，比如重量、造型(款式)、结构、性能、外观、成分、色彩、价格等，总之是区别于其他竞品的。

(2) 定位在产品的效用上。消费者购买商品，不是购买商品的本身，可能是购买商品的使用价值。化妆品的定位就十分明显，美白、祛斑的定位就很明智，这样的功能就满足了消费者特别的需求。

(3) 定位在消费对象上。任何产品都不可能满足所有消费者的所有需求，而只能满足部分消费者的部分需求。所以，需要细分市场，满足不同消费群的需求，提高产品的市场竞争力。

(4) 定位在消费心理上。研究消费心理，把产品定位在消费者的不同消费心理上，如“求实用”“求安全”“求便宜”“偏爱”“求省事”等心理，不失为一良策。

3. How——如何实现目标设定

对产品发展目标的描述。确定产品目标首先要找到参照物，也就是产品的假想敌，参照物的存在很重要，可以避免产品发展的大方向出错。

除了以上的基础工作外，还要定期对产品的市场定位、产品特性和竞争优势进行评估和调整，根据市场反馈、消费者的需求偏爱和竞争对手的动态，及时调整，从而确保产品定位的正确性。

环节二　提出概念

如图 8-2 所示瓦楞纸椅子的制作方法主要有黏合、插接、折叠三大类，根据上一环节输出的设计定位，采用插接的方式设计制作一把瓦楞纸椅子，不得使用其他材料和黏结，并且需要考虑坐具的具体尺寸符合人机工程，如图 8-2 所示。

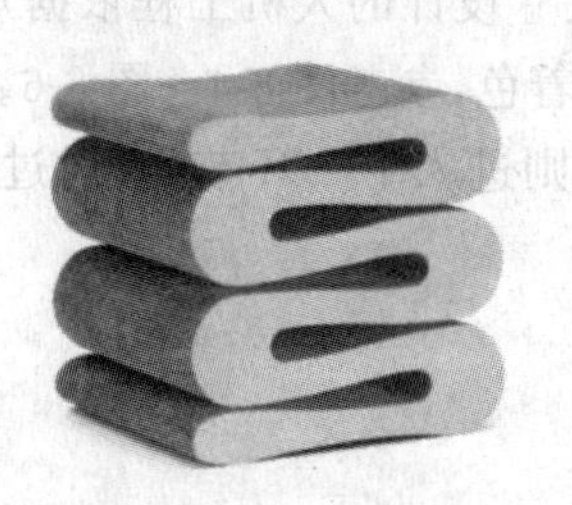

图 8-2　黏合、插接和折叠产品案例

具体步骤如下。

第 1 步：用一句设计定位描述为创客中心二楼大厅设计的椅子，设计定位中包含椅子的特殊功能，或是特殊结构，或是特定人群等，能够突出设计的创新点(不得仅为形态)。

第 2 步：使用专业绘图圆珠笔，在相应的纸张上绘制能够满足设计定位的 3 幅不同设计方案草图，每套设计草图至少包含 2～3 幅透视图、1 幅结构说明图，并且标注具体实现方式和基本尺寸，能够完整准确地表达设计想法，参考图 8-3。

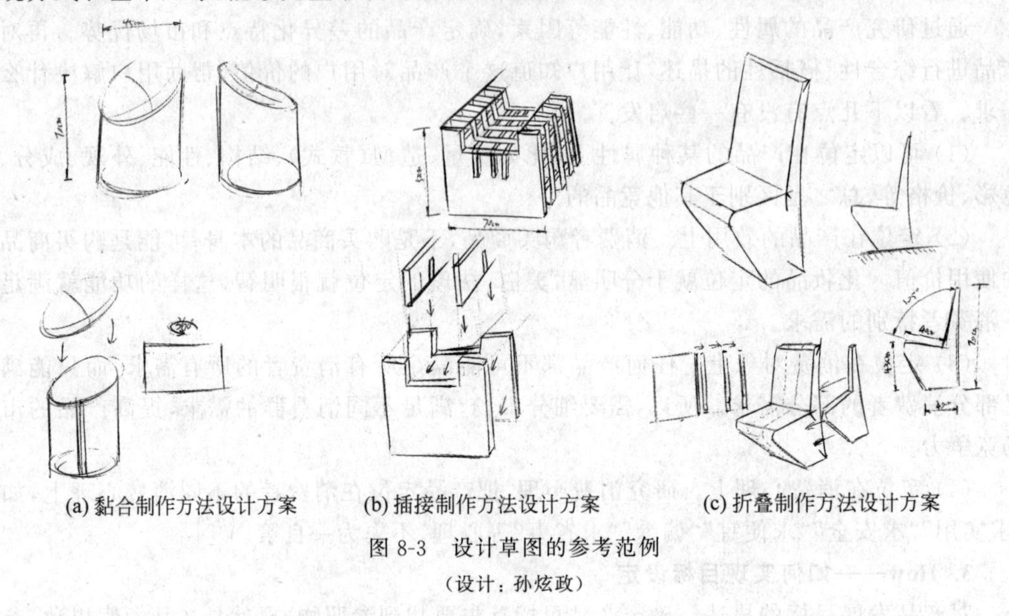

(a) 黏合制作方法设计方案　(b) 插接制作方法设计方案　(c) 折叠制作方法设计方案

图 8-3　设计草图的参考范例

（设计：孙炫政）

第 3 步：完成绘制后，请教师进行考核评分。考核通过则进入下一环节，未通过则重新绘制（总共可申请两次考核）。

环节三　明确方案

一、具体步骤

第 1 步：结合已学习的瓦楞纸相关知识，将上一环节绘制的最终方案细化，并思考椅子形态的拆件方法。在保证椅子强度和外观整体性的前提条件下，思考主体可拆分成哪些构件，构件与构件如何连接，连接结构的形态和尺寸是多少等问题。

第 2 步：使用专业绘图圆珠笔和马克笔，在相应的纸张上绘制最终方案的设计效果图，包含坐具的名称、2 幅透视图、1 幅爆炸图、1 幅尺寸图（标注尺寸设计的人机工程依据）以及必要的结构示意图（主体构件尺寸、个数及展开形式），马克笔着色，参考图 8-4～图 8-6。

第 3 步：完成绘制后，请教师进行考核评分。考核通过则进入下一环节，未通过则重新绘制（总共可申请两次考核）。

二、相关知识

1. 坐姿生理学

(1) 脊柱结构

在坐姿状态下，支持人体的主要脊柱、骨盆、腿和脚等如图 8-7 所示。正常的姿势下，脊柱的腰椎部分前凸，而至骶骨时则后凹。在良好的坐姿状态下，压力适当分布于各椎间盘上，肌肉组织受力均匀。当处于非自然姿势时，椎间盘内压力分布不正常，产生酸痛、疲劳等不适感。

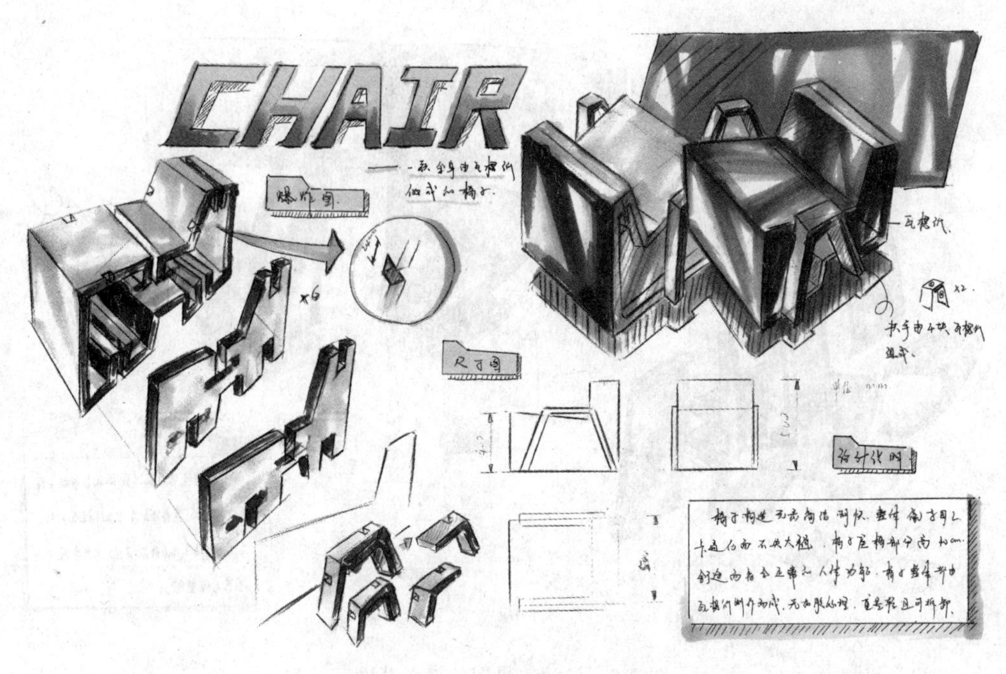

图 8-4　设计效果图的参考范例一

（设计：郭豪熠）

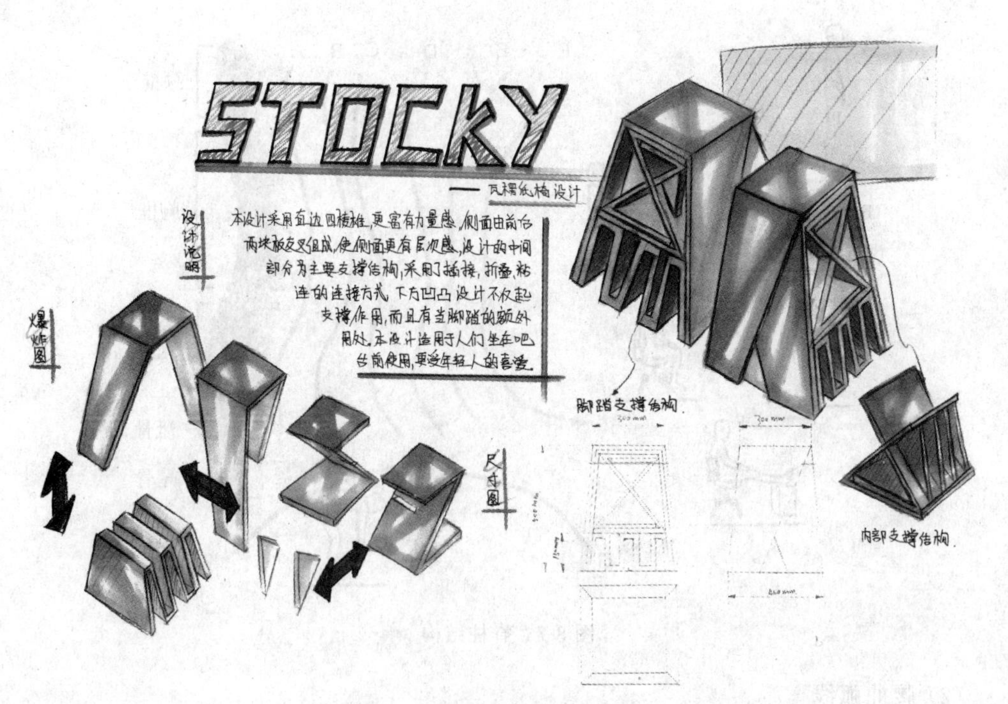

图 8-5　设计效果图的参考范例二

（设计：李姝葶）

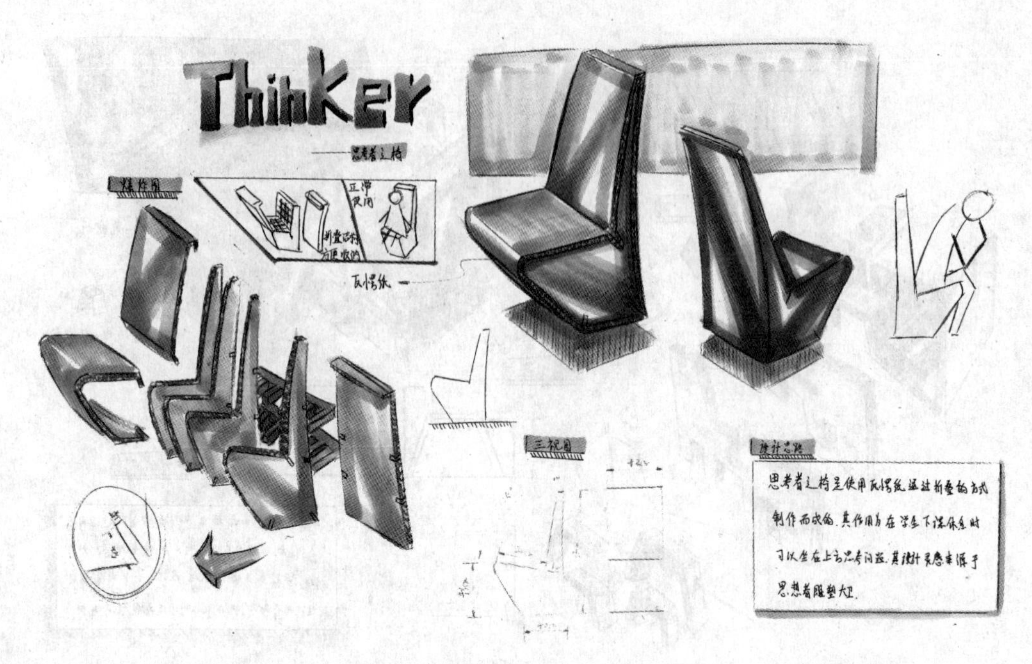

图 8-6　设计效果图的参考范例三

（设计：孙炫政）

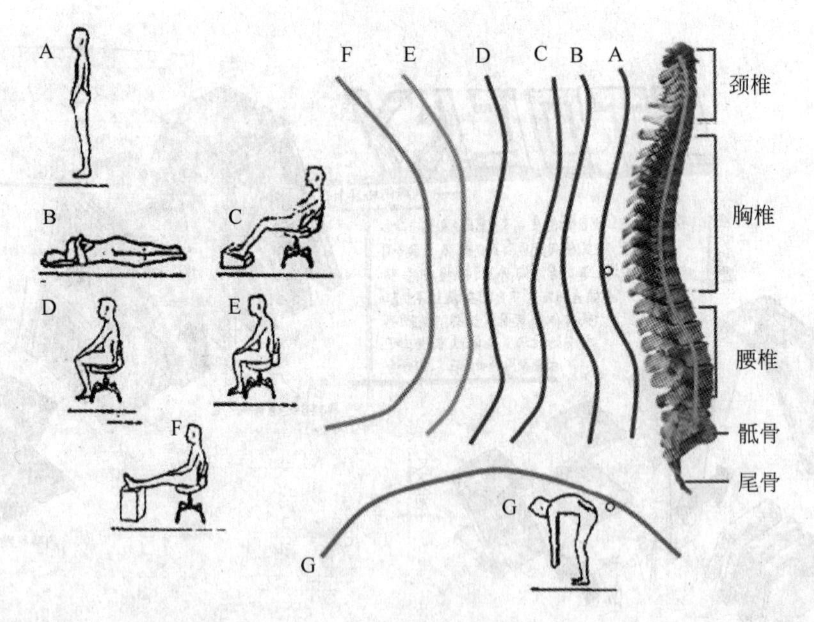

图 8-7　脊柱结构

（2）腰曲弧线

脊柱侧面有 4 个生理弯曲，即颈曲、胸曲、腰曲和骶曲，其中与坐姿舒适性直接相关的是腰曲。人体正常腰曲弧线是松弛状态下侧卧的曲线，欲使坐姿能形成几乎正常的腰曲弧线，躯干与大腿之间必须有大于 90°的角度，或者躯干前有支撑。

（3）腿的位置

① 适当的座高应使大腿保持水平，小腿垂直，双脚平放于地面。

② 座面不能过高，否则小腿悬空时，大腿受椅面前缘压迫，使坐者感到不适，长时间这样坐着血液循环受阻，小腿麻木。因此，座高一般按低身材人群设计，座面前缘应比人体膝窝高度低3～5cm，且有半径为2.5～5cm的弧度。

③ 座面也不能太低，否则腿长的人骨盆后倾，正常的腰椎曲线被拉直，致使腰酸不适。

（4）臀部位置

人体在坐姿状态下，与座面紧密接触的实际上只是臀部的两块坐骨结节，其上只有少量的肌肉，人体重的75%左右由约25cm的坐骨周围的部位来支承，这样久坐足以产生压力疲劳，导致臀部痛楚麻木感。

2. 座椅的尺寸

（1）座高

座高是指地面至就座座面上坐骨支承部位的高度。舒适尺寸的座高应使大腿保持水平，小腿自然垂直，双脚平放在地面上。户外座椅座面过高时会造成小腿悬空，也会使大腿部受座面前缘的压迫使血液循环流通不畅，久坐可以导致小腿麻木。户外座椅座面尺度太低会造成骨盆向后倾，腰椎曲线被拉直，时间长了会腰酸不适。故座高一般按小腿加足高这项人体测量尺寸百分位数据低的人群设计（表8-1）。在百分位数据选择上，遵循环境设施百分位数据选择，在不涉及健康安全的情况下，可选择第50百分位数据。

表8-1　户外座椅尺寸设计相关人体尺寸百分位（引用GB 10000—1988《中国成年人人体尺寸》）

百分位数 / 测量项目	男年龄18～60岁							女年龄18～55岁						
	1	5	10	50	90	95	99	1	5	10	50	90	95	99
坐姿肘高	214	228	235	263	291	298	312	201	215	223	251	277	284	299
小腿加足高	372	383	389	413	439	448	463	331	342	350	382	399	405	417
坐深	407	421	429	457	486	494	510	388	401	408	433	461	469	485
肩宽	330	344	351	375	397	403	415	304	320	328	351	371	377	387
最大肩宽	383	398	405	431	460	469	486	347	363	371	397	428	438	458
坐姿两肘间宽	353	371	381	422	473	489	518	326	348	360	404	460	478	509
坐姿臀宽	284	295	300	321	347	355	369	295	310	318	344	374	382	400

（2）座宽

座宽是指人就座时水平面的宽窄，座宽应满足使用者臀部就座所需的尺度，并使就座者能自如地调整坐姿，如果坐面座宽尺度太小会让就座者感到拥挤压迫。43～45cm座宽必须能容纳身材粗壮的人。座椅坐面座宽太大，人在就座时肘部必须向两侧伸展来寻求支承，长时间会引起肩部疲劳。在人体测量部位选用上，由于人体测量项目中臀宽的测量项目尺寸女性大于男性，所以在选用测量项目时，要选用成年女性的臀宽测量尺寸，如果户外座椅带扶手，在人体测量尺寸选择时应该选择成年男性坐姿两肘肩宽，双人座椅选择成年男性最大肩宽人体尺寸。在百分位数据选择上需要考虑间距的问题，在不涉及健康的情况下，选用成年女性臀宽测量尺寸的第 90 百分位，满足度为 90%，在涉及安全和健康的情况下，用成年女性臀宽测量尺寸的第 99 百分位，满足度为 99%，这样尺寸宽的健康问题人群适用，尺度小的人也适用。

（3）座深

休息用椅座深为 40～43cm，是指椅面前缘至后缘的距离，这个尺寸不能太大。正确的座深应使靠背方便地支持腰椎部位，如座深大于身材矮小者的大腿长（臀部至膝窝距），座面前缘将压迫膝窝处压力敏感部位，这样若要得到靠背的支持，则必须改变腰部正常曲线；否则，坐者必须向座缘处移动以避免压迫膝窝，却得不到靠背的支持。为适应绝大多数使用者，座深应按较小百分位的群体设计，这样身材矮小者坐着舒适，身体高大的人只要小腿能得到稳定的支持，也不会在大腿部位引起压力疲劳。设计座深尺寸时要选用中国成年女性坐深这一人体测量尺寸，百分位选择上建议选择第 10 百分位数据，具体尺寸设计时要充分考虑着衣修正、环境修正和座椅形式功能修正，详见表 8-2、表 8-3。

表 8-2　户外座椅尺寸设计人体尺寸百分位数据选择

尺度	平均尺度（满足度 90%）	普通尺度（满足度 95%～满足度 99%）	安全健康（满足度为 50%）
座高	选 P10 作为尺寸的下限值	选 P1、P5 作为尺寸的上下限值	选 P50 作为尺寸设计的依据
座宽	选 P90 作为尺寸的上限值	选 P95、P99 作为尺寸的上限值	
座深	选 P10 作为尺寸的下限值	选有 P1、P5 作为尺寸的下限值	
扶手高	选 P50 作为尺寸设计的依据靠背		

表 8-3　户外座椅功能尺寸

座高： 最佳功能尺寸＝小腿加足高第 10 百分位＋鞋跟高 30mm 最小功能尺寸＝小腿加足高第 10 百分位	单人座椅：389～419mm
	双人座椅：389～419mm
座宽： 最小功能尺寸＝坐姿臂宽第 90 百分位＋衣服厚度 6mm	单人座椅：340～466mm
最佳功能尺寸＝最大肩宽第 90 百分位＋衣服厚度 6mm	双人座椅：932～1132mm （添加心理修正 200mm）
座深： 最佳功能尺寸＝坐深第 10 百分位座深＋衣服厚度 6mm	单人座椅：414～435mm
	双人座椅：414～435mm
扶手高： 最佳功能尺寸＝坐姿肘高＋衣服厚度	最佳尺度：257～269mm
座面倾角	最佳倾角 5°～10°
靠背倾角	最佳倾角 110°～115°

（4）座面倾角

休息椅 10°～20°，座面倾角指座面与水平面所夹角度。

（5）座面后倾的作用

① 由于重力，躯干后移，使背部抵靠椅背获得支持，可以降低背肌静压。

② 防止坐者从座缘滑出座面。休息椅座面倾角大，有利于身心松弛，大座面与靠背

构成的倾角角度应该大些，方便休息时保持舒适的姿势。因为人体背部处于自然形态时最舒适，此时腰椎部分前凸。因此，座椅设计要以座面与靠背之间的角度和适当的腰椎支持来实现这样的舒适性。成年人腰椎部中心位置在座位上方 23～26cm 处，腰椎支点应略高于此尺度，以支持背部重量。

(6) 靠背的人机尺寸

靠背由肩靠和腰靠两部分构成，其中腰靠最主要。靠背的最大高度可达 48～63cm，最大宽度可达 35～48cm。靠背的尺寸主要由臀部底面到肩部的高度(决定靠背高)和肩宽(决定靠背宽)有关，确定高度时还必须计入座椅的有效厚度。为了使背部下方骶骨和臀部有适当的后凸空间，座面上方与靠背下部之间应有凹入或留一开口部分，其高度至少为 12.5～20cm。靠背的功能主要有以下几点。

① 使脊椎保持健康正确的曲率。
② 阻止骨盆向后倾斜。
③ 尾骨和臀部最小化压力。
④ 为骨盆(坐骨关节)提供有效支撑。
⑤ 减轻和限制腿窝肌肉压力。
⑥ 为骨盆和脚提供良好的支撑。

(7) 靠背角度

靠背的角度一般情况为 103°～112°，是指座面与靠背的夹角，其目的与座面角度相似，从脊柱正常形态来看，该角为 115°左右较为合适。实际应用中，休息椅为 105°～108°。

环节四　模型制作

微课 8-1
坐具模型
制作范例

一、具体步骤

第 1 步：通过微课 8-1 学习坐具模型的制作基本流程。根据模型制作需要，从教师处领取 10 张 1m×1m 的瓦楞纸，准备好铅笔、剪刀、美工刀、圆刀、钢尺、白胶等工具。注意在整个模型制作过程中，需要对关键步骤进行拍照和录制视频，不得使用热熔胶。

第 2 步：参照最终设计方案尺寸图，在瓦楞纸上进行画线，并根据形状特征和数量选择裁剪工具，裁剪出需要的瓦楞纸构件(图 8-8)。

图 8-8　瓦楞纸切割示范

第 3 步：参照最终设计方案将切割的瓦楞纸构件折叠或插接，组装成完整的瓦楞纸坐具，切割边缘不得出现毛边，外露面为正面且不得出现折痕、污损、接缝、脏迹，不能有胶痕露出。

第 4 步：完成制作后，将作品摆放于工作台面上，请教师进行考核评分。考核通过则进入下一环节，未通过则重新绘制（总共可申请两次考核）。

二、相关知识

常用胶水类型及使用方法如下。

（1）401 胶水：属于快干胶，是一种无色透明、有刺激性气味的可燃性液体。401 胶水通常在常温下使用，固化快速，强度高。用途：金属配件、塑料、木材等。

（2）热熔胶：属于快干胶，在常温下多呈黄色/白色不透状的固态形状，加热后则呈浅棕色或白色的液态。热熔胶的优点是强度高，耐老化，无毒无味，不污染环境，耐高温等。热熔胶可黏合木材、塑料、纤维织物、金属、皮革等多种材料。

（3）AB 胶：属于慢干胶，是指将两种液体混合硬化后形成的胶粘剂。其中 A 液是本胶，B 液是硬化剂。使用时，需要将两种液体按照一定比例混合后，充分搅拌均匀，并在短时间内使用完毕。AB 胶的优点是具有较高的黏结强度和硬度、高抗化学性；但 AB 胶也存在固化时间长，混合不均匀导致失败等缺点。用途：木料、塑料、纸等。

（4）手工白胶：属于慢干胶，是目前用途最广、用量最大的黏结剂之一。正常手工白胶呈乳白色，完全干透后呈透明状，基本没有刺激性气味。表面固化需要大约 20min，完全固化需要 24 小时，手工白胶具有黏结强度高、固化快、使用方便、耐热性好、稳定性好等优点，对于木材、纸张、陶瓷、植物具有很好的黏着力。

（5）B-6000 和 B-7000：慢干胶，表面固化需要大约 20min，完全固化需要 24h，无色透明有明显的刺激性气味。用途：金属配饰、布、珠宝等。

（6）502 胶水：属于快干胶，无色透明，有刺激性气味，具有一定毒性。其优点是黏结迅速、固化硬化快，但固化后较脆，不耐冲击，更多用于工艺品、小零件以及橡胶、皮鞋的黏结等。

（7）德国进口 UHU 强力胶：属于慢干胶，表面固化需要大概 5min，无色透明、有刺激性气味，拉丝严重。用途：布塑料、金属、木材、纸等。模型制作范例如图 8-9 所示。

图 8-9 模型制作范例

（设计：孙炫政、李姝葶、郭豪熠）

环节五 设计展示

具体步骤如下。

第 1 步：为自己的模型拍摄 3 张不同角度的照片。

第 2 步：到专教机房使用计算机，应用 Photoshop 软件设计制作作品的展示海报，A3

竖版，分辨率 200 像素，CMYK 格式，内容包括：设计定位思考过程、设计草图、最终模型照片、必要的关键制作步骤照片及设计说明参考图 8-10。

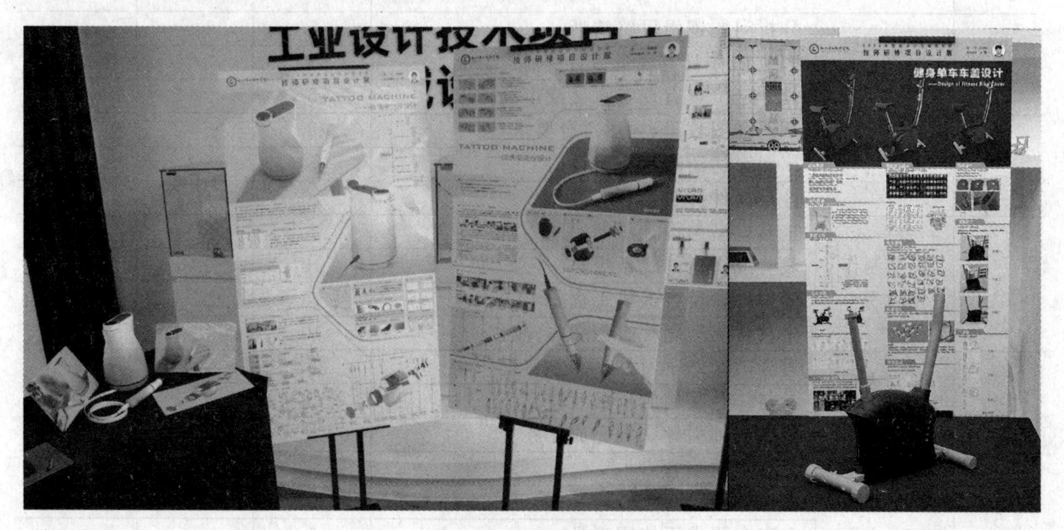

图 8-10　展示海报范例
（设计：郭豪熠、王昭昭）

第 3 步：完成后将作品提交教师，请教师进行考核。

环节六　整理提交作品

具体步骤如下。

第 1 步：将工作台面整理干净，工具完好无缺地摆放在规定位置，剩余材料进行整理归纳入库。

第 2 步：将作品和相应成果资料整理好摆放于台面上，等待教师根据考核标准进行线下考核。

评价考核

1. 阶段性测评

为检测学生对于每一环节专业知识与操作的掌握，各环节设有考核，把任务的知识点学习和训练进行分解，分阶段有序地检查反馈，确保学生能掌握每一环节的知识点与操作技能，为达成任务总体学习目标做好保障。只有完成环节测评并合格，才能进入下一环节的学习，不合格者将重新进行学习与考核。

2. 终结性评测

所有环节完成，才能进入任务终结性评测。终结性评测以教师综合评价和综合测试相结合的方式。

(1) 教师综合评价

教师将依据表 8-4 考核评分表对学生的学习态度、工作习惯和作品质量进行总体评价，60 分以上合格，合格才能完成该任务的学习。

表 8-4 考核评分表

序号	内容及标注		配分	自评	师评
1	设计调研（15分）	分析问题逻辑思路清晰	5		
		PPT 制作具有视觉设计美感	5		
		设计定位具有现实意义或市场需求	5		
2	设计方案（20分）	草图视图数量、视图符合要求	5		
		草图表达清晰富有设计力	5		
		坐具构件拆解合理	10		
3	模型制作（40分）	坐具模型与设计草图一致	5		
		裁剪或折压的线条规整	10		
		模型尺寸符合人机工程要求	15		
		坐具解决问题并有创新体验	10		
4	课堂表现（15分）	遵守工作站学习秩序和学习纪律	5		
		参与任务实施的积极性较高	5		
		跟随教师引导认真完成任务	5		
5	安全规范（10分）	工具摆放整齐	2		
		工作台面、地面整洁	2		
		在安全要求下使用工具	3		
		节约材料和耗材	3		
总分					

（2）综合测试

综合测试以客观量化题为主，满分 100 分，考核分数达到 90 分才算完成该任务的学习，否则继续学习直至达到 90 分以上为止，总共可申请两次考核。

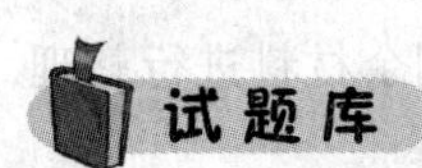

一、选择题

1.（　　）属于慢干胶水。

A. 401 胶水　　B. 手工白胶　　C. 502 胶水　　D. 热熔胶

2. 休息用椅椅面前缘至后缘的距离应为（　　）cm，这个尺寸不能太大。

A. 48～63　　B. 35～48　　C. 43～45　　D. 40～43

3. 产品定位采用五步法包括：满足谁的需求（Who），他们有什么需求（What），产品是否满足需求（IF），如何去满足需求（Which），以及（　　）。

A. 如何推广（How）　　B. 去哪里推广（Where）

C. 什么时间推广（When）　　D. 为什么推广（Why）

4. 任天堂 Labo 团队采用硬纸板作为 Labo 材料是希望达成一种（　　）的状态。

A. 易于寻找，成本更低　　B. 便于获得，成本低廉

C. 快速修复，立即体验　　D. 节约材料，设计创新

5. 人体正常腰曲弧线是松弛状态下侧卧的曲线，欲使坐姿能形成几乎正常的腰曲弧线，躯干与大腿之间必须（　　）90°的角度，或者躯干前有所支撑。

A. 小于　　B. 大于　　C. 等于　　D. 均可

二、判断题

1. 任天堂Labo团队采用纸板作为Labo的材料是因为纸板更易于寻找且成本更低。（ ）

2. 对产品发展目标的描述。确定产品目标首先要找到参照物,也就是产品的假想敌,参照物的存在很重要,可以避免产品发展的大方向出错。（ ）

3. 正常的姿势下,脊柱的腰椎部分后凹,而至骶骨时则前凸。（ ）

4. 适当的座高应使大腿保持水平,小腿垂直,双脚平放于地面。（ ）

5. 401胶水的特点是高强度,固化快速,无色透明且有刺激性气味,经常使用于金属配件和布料。（ ）

6. 人体的脊柱由26块脊椎骨合成,即24块椎骨(颈椎7块、胸椎12块、腰椎5块)、骶骨1块、尾骨1块。（ ）

7. 502胶水属于单组分瞬间固化的黏结剂,其黏结速度快、黏结牢固。（ ）

参考文献

[1] 叶丹. 造型设计基础[M]. 北京：化学工业出版社，2020.

[2] 欧阳安，许妍. 立体构成[M]. 北京：化学工业出版社，2018.

[3] 尹铂，彭巍. 立体构成[M]. 北京：中国青年出版社，2015.

[4] 徐时程. 立体构成[M]. 2 版. 北京：清华大学出版社，2019.

[5] 建筑师 Devon. 阿瓦尔·阿尔托. 教你高级的表达建筑和自然[EB/OL]. [2022-08-26]. https://www.bilibili.com/video/BV1F54y1o7Ab/?spm_id_from=333.337.search-card.all.click.

[6] zymkimi. 蓝色泡沫产品模型如何制作 Blue Foam-Basic Model Making Technique[EB/OL]. [2021-05-21]. https://www.bilibili.com/video/BV1xf4y1Y7VX/?spm_id_from=333.337.search-card.all.click.

[7] 壹玖捌肆. 一年设计 400 多个产品的日本鬼才设计师——佐藤大 nendo[EB/OL]. [2021-10-11]. https://www.bilibili.com/video/BV1uL411G7Am/?spm_id_from=333.337.search-card.all.click.

[8] 拾物玩意，没想到家中旧铁丝也这么实用，姑娘改出个工业风小筐，精致还复古[EB/OL]. [2018-08-07]，https://www.bilibili.com/video/BV1hs411g7mK/?spm_id_from=333.337.search-card.all.click.

[9] 加七加油加油，KT 板切割与胶接[EB/OL]. [2021-09-16]. https://www.bilibili.com/video/BV1mh411p7wG/?spm_id_from=333.337.search-card.all.click.

[10] endlos 爱生活，如何快速用泡沫板制作遥控快艇[EB/OL]. [2020-08-20]. https://www.bilibili.com/video/BV19t4y1U7uD/?spm_id_from=333.337.search-card.all.click.

[11] Root 喜欢熬夜. 在精致和柔和中找到平衡感 LE KLINT #家居品牌[EB/OL]. [2020-11-23]. https://www.bilibili.com/video/BV1py4y1674N/?spm_id_from=333.337.search-card.all.click.

[12] 第三 linker. 莫比乌斯环[EB/OL]. [2020-04-15]. https://www.bilibili.com/video/BV1tt4y127b6/?spm_id_from=333.999.0.0.

[13] 康石石. 立体构成——第三课[EB/OL]. [2021-05-07]. https://www.bilibili.com/video/BV1yh411m7e3/?spm_id_from=333.337.search-card.all.click.

[14] NiceWill，NiceWill 纸的变化艺术 #45 制作过程+高清图纸[EB/OL]. [2022-03-27]. https://www.bilibili.com/video/BV1vY411E72i/?spm_id_from=333.337.search-card.all.click.

[15] 渡渡成长录. 杭州亚运会图标设计解析[EB/OL]. [2022-08-09]. https://www.bilibili.com/video/BV1vB4y1t7dB/?spm_id_from=333.337.search-card.all.click.

[16] 我-就喜欢. 斯堪的纳维亚设计之保尔·汉宁森的 PH 灯[EB/OL]. [2021-06-25]. https://www.bilibili.com/video/BV1Hv411W7y5/?spm_id_from=333.337.search-card.all.click.

[17] 拾叁坞-手作. 手工立体构成——柱体构成，建筑初步课程作业～柱体构成手工教学视频合集[EB/OL]. [2020-04-01]. https://www.bilibili.com/video/av840066360/?p=3.

[18] 大公道具の大公. 手作教室 03 EVA 切割进阶刀法 & 实战案例：血精灵耳朵/万用精灵耳朵[EB/OL]. [2017-03-04]. https://www.bilibili.com/video/BV1dx411k755/?spm_id_from=333.337.search-card.all.click.

[19] 壹坊 Aworkzon. 包装设计[EB/OL]. [2020-03-18]. https://www.bilibili.com/video/BV1s7411d7s9/?spm_id_from=333.337.search-card.all.click.

[20] abcHunter. 任天堂 Switch 新玩法 Nintendo Labo[EB/OL]. [2018-01-18]. https://www.bilibili.

com/video/BV1pW411v7BW/?spm_id_from＝333. 337. search-card. all. click.

[21] 小黑 haven. 全网第一款手工制作的世界名椅 Wiggle side——瓦楞纸也可以做这么好看的椅子吗？[EB/OL]. [2022-05-29]. https://www. bilibili. com/video/BV123411V7QD/?spm_id_from＝333. 999. 0. 0.

[22] 壹坊 Aworkzon. 如何使用胶 2？UV 胶、喷胶、热熔胶、U 胶、酒精胶、蓝丁胶、玻璃胶以及如何选胶[EB/OL]. [2022-02-19]. https://www. bilibili. com/video/BV17F411E7sp/?spm_id_from＝333. 337. search-card. all. click.

[23] 金洋. 半立体构成[EB/OL]. https://www. iqiyi. com/v_19rwqbwze0. html.

[24] 火把旗舰店. 火把电热丝切割机[EB/OL]. https://detail. tmall. com/item. htm?abbucket＝0&id＝573112187180&ns＝1&spm＝a21n57. 1. 0. 0. 28376130uGh4nu.

[25] 喵喵. eva 到底是什么材质？[EB/OL]. [2019-09-19]. https://v. qq. com/x/page/r0928z72krq. html.

造型设计工作站

工作页

班　　级：______________________________

姓　　名：______________________________

学　　号：______________________________

学年学期：______________________________

任务一　植物花瓶——认识形态 1

环节一　植物形态构绘

使用铅笔和针管笔，在右侧图框采用线描的方法构绘你所观察的果蔬形态。绘制的形态为包含至少 3 个视角的立体视图（其中 1 个表达出内部结构），并注意该植物具有的典型特征，尽可能详细绘制。

参考提供的范例在构绘的果蔬形态上标注存在的点、线、面、体的形态要素，同时使用手机或平板电脑查阅资料，标注具有代表性的典型特征的生物学解释，如青椒的柄，新鲜青椒顶端的柄，也就是花萼部分是新鲜绿色的。

班　级：________　姓　名：________　学　号：________　　完成日期：________

任务一　植物花瓶——认识形态2

环节二　花瓶形态推演

根据环节一构绘的果蔬形态，从中选取具有代表性的典型特征，用几根线条尽可能简洁概括该典型特征，作为提取的特征线。

班　级：________　姓　名：________　学　号：________　完成日期：________

任务一　植物花瓶——认识形态 3

环节二　花瓶形态推演

应用提取的特征线，绘制花瓶形态，至少推演出 6 种不同的花瓶形态。花瓶形态为 45°立体图，要求形态和空间关系准确，线条流畅。

班　级：________　姓　名：________　学　号：________　　完成日期：________

任务二　建筑再造——线的构成 1

环节一　线的空间体验

使用手绘圆珠笔，在右侧图框绘制构思的笔筒形态，要求至少包含 2 幅不同立体视图以及 1 组尺寸图，并标注各部分材料（必须使用领取的铁丝和麻线）。笔筒整体设计尺寸控制在 15cm×15cm×15cm 的范围内，形态不得为简单几何体。

班　级：________　姓　名：________　学　号：________　　完成日期：________

任务二　建筑再造——线的构成 2

环节二　线材构成作品

在右侧 4 个作品下方标注分别为何种线的构成类型，同时绘制图 2 和图 4 的最小构成单元。

观察完成的两组造型（图 5 和图 6），分析它们的相同之处和不同之处，思考它们带来的感受（每个造型分析不少于 100 字），记录在右侧图框内。

班　级：________　姓　名：________　学　号：________　完成日期：________

任务二　建筑再造——线的构成3

环节三　线框构成草绘

从提供的4幅建筑图片中选择一幅，在右侧图框中用线的元素构绘出建筑形态，并标注硬质线和软线。其中建筑形态至少包含3个不同视角的视图，参照领取的KT板大小需要充分考虑设计尺寸，最终作品不得超过25cm×25cm×25cm。

班　级：________　姓　名：________　学　号：________　　完成日期：________

任务三　柱体表情——面的构成 1

环节一　面的概念学习

环节二　面的力感体验

在右侧图框内，使用黑色签字笔，绘制 4 根直线（可使用直尺），使其形成一个面，绘制至少 3 种以上方案。

优选其中 3 个方案，在右侧图框内绘制平面展开图，然后用领取的白卡纸制作 3 个方案，注意 3 个方案应能分别显著表现旋动、飞跃、翻卷、生长其中的任 3 个不同力感，然后将其分别固定在纸盘上。

班　级：________　姓　名：________　学　号：________　　完成日期：________

任务三　柱体表情——面的构成 2

环节三　面材的构成

标注右侧 8 个作品分别应用了何种面的构成方法。

分析图 2 和图 5 的制作材料和制作方法，并分别写出这 2 个面构成作品的制作步骤。

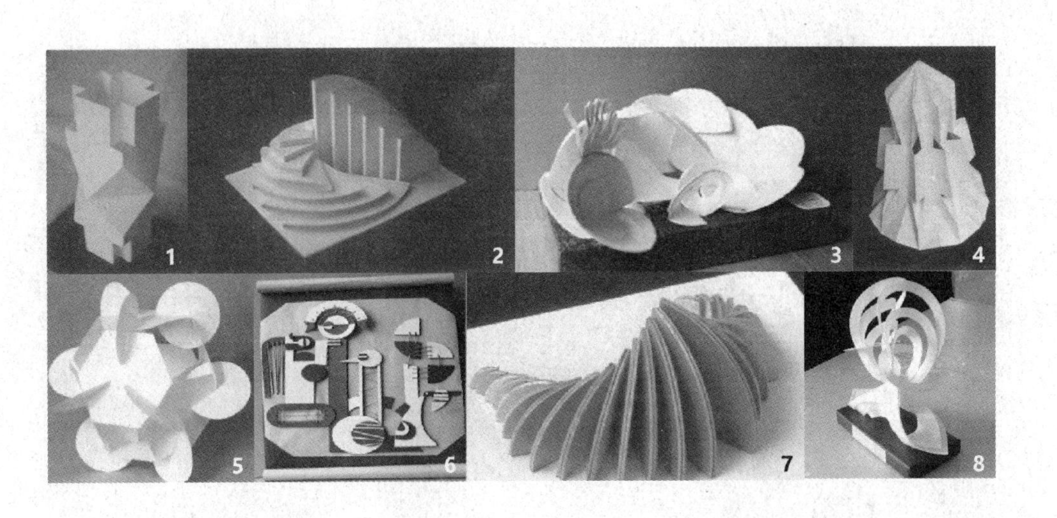

1. ________ 2. ________ 3. ________ 4. ________

5. ________ 6. ________ 7. ________ 8. ________

图 2 作品制作步骤：	图 5 作品制作步骤：

班　级：________　姓　名：________　学　号：________　　完成日期：________

任务三　柱体表情——面的构成 3

环节四　柱体表情绘制

在右侧绘制大笑、愤怒、紧张等人的面部表情，再抽象成简单的形状或线条。以这些抽象线条为设计元素，使用手绘圆珠笔，绘制 4 个柱体的构成方案（均为 45°两点透视图）。

面部表情和抽象线条

柱体构成方案

班　级：________　姓　名：________　学　号：________　完成日期：________

任务四　手握工具——块的构成 1

环节一　搭建主题块体

到教师处随机抽取一张需要完成的主题卡片(教师准备 10 张分别写有思绪、阅读、团聚、旅行、考试、竞技、飞翔、遥远、刷剧、开学的卡片,并打乱顺序待学生抽取),考虑材料和主题,至少运用 3 种以上的块体材料,构思块的立体构成。

使用手绘铅笔或圆珠笔,在右侧图框中绘制将要制作的主题块体草图。绘制的形态为包含至少 2 个视角的立体视图,要求体现使用的材料材质、数量和体量。

班　级:________　姓　名:________　学　号:________　完成日期:________

任务四　手握工具——块的构成 2

环节二　识别块体构成

标注右侧所示产品主体形态属于哪种块的构成类型，并在右侧下方图框中绘制图 1、图 3 和图 5 的主体形态，要求形态和空间关系尽可能表达准确，线条流畅。

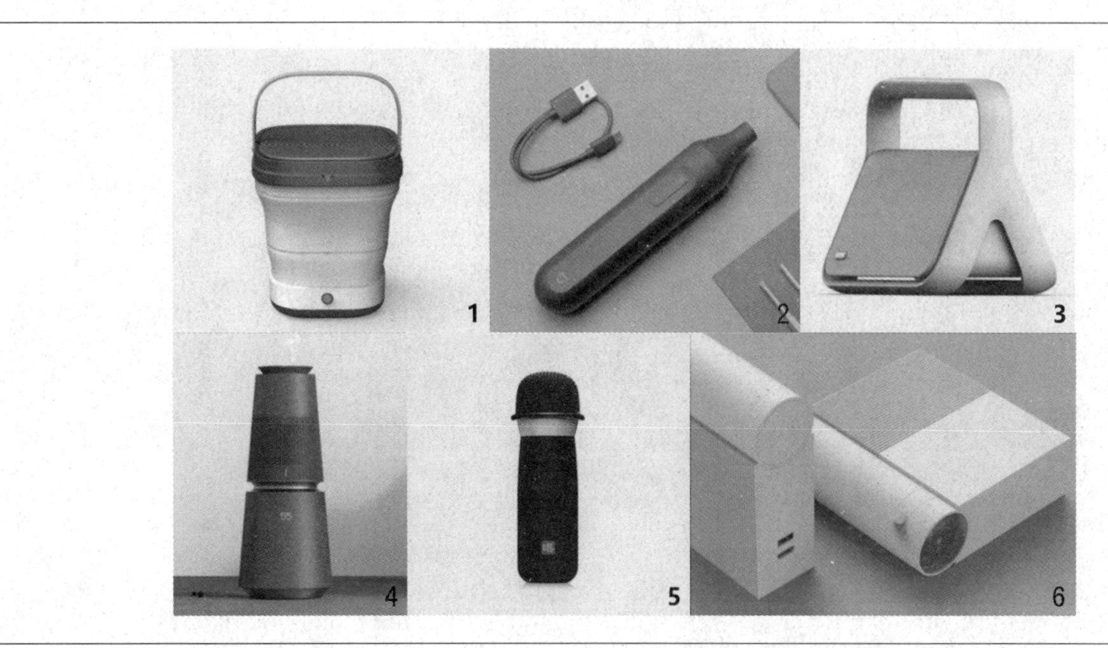

1. ________ 2. ________ 3. ________

4. ________ 5. ________ 6. ________

班　级：________　姓　名：________　学　号：________　完成日期：________

任务四　手握工具——块的构成 3

环节三　水果刀刀柄设计

仔细观察右侧水果刀图片中的刀柄，回忆生活中使用过或见过的水果刀，并思考在使用过程中容易出现的问题。用一句话概括想要解决的问题，写在右侧上方图框中，尝试通过形态设计解决它。

充分考虑手握式工具设计原则，在右侧下方图框中绘制 3 个不同的水果刀刀柄设计方案，要求形态能够明确解决上一步骤发现的问题，绘制的方案线条流畅，比例合适，可有适当文字说明。

班　级：________　姓　名：________　学　号：________　　　　完成日期：________

任务五　立体贺卡——造型法则 1

环节三　半立体中的造型法则

观察右侧上方两组半立体构成，分析每个作品应用了哪种造型法则，并标注每个作品对应的造型法则。

在右侧下方图框内绘制能够反映对比与调和、对称与均衡和节奏与韵律法则的半立体构成的草图各 2 幅，完成后分别优选 1 个方案绘制在白卡纸上。

____

____

班　级：________　姓　名：________　学　号：________　　完成日期：________

任务五　立体贺卡——造型法则 2

环节四　立体贺卡制作

以此环节拍摄的两张照片为灵感来源，在右侧构绘相应的景物，注意转化成简单几何线，尺规作图。

班　级：________　姓　名：________　学　号：________　完成日期：________

任务六　解构动作——形态隐喻 1

环节一　绘制标识

设计隐喻体现在两个方面：抽象事物的具象化和具体事物的可视化。请设计 6 个标识，能够隐喻学校的社团、实训室、工作站等场室相关内涵，用黑色绘图笔绘制在右侧。

拒绝具象图形的堆叠设计，并在对应标识的下方注释隐喻的意识或情感。

班　级：________　姓　名：________　学　号：________　完成日期：________

任务六　解构动作——形态隐喻 2

环节二　快速构型

观察右侧 3 张图片，在相应图片下用文字说明相关含义或者你理解的情感。

从图片中提取关键特征线条，在右侧下方图框中用手绘圆珠笔绘制出来，作为快速构型。

班　级：________　姓　名：________　学　号：________　　完成日期：________

任务六　解构动作——形态隐喻3

环节三　解构动态绘制

从提供的3张图片中任意选择1张，以"咬""抓""握""跃""游"等动作为主题，以特征形态绘制在右侧图框。

接着在右侧图框中绘制简化形态形成关节的组成形式。尽可能使用立体的结构表达方式进行绘制。

班　级：________　姓　名：________　学　号：________　　完成日期：________

任务六　解构动作——形态隐喻 4

环节三　解构动态绘制

拆解立体结构，在右侧绘制模型展开图，尺规作图，并标注模型实际尺寸，保证最后组装模型整体尺寸在 30cm×30cm×30cm 的范围内。

班　级：________　姓　名：________　学　号：________　　完成日期：________

任务七　包装灯泡——形态构造 1

环节一　辨析形态构造类型

观察分析右侧 4 个产品图应用到了哪种形态构造类型，在右侧图框分别绘制图 2 和图 4 的透视图，标识具体的构造结构，并标注构造类型。

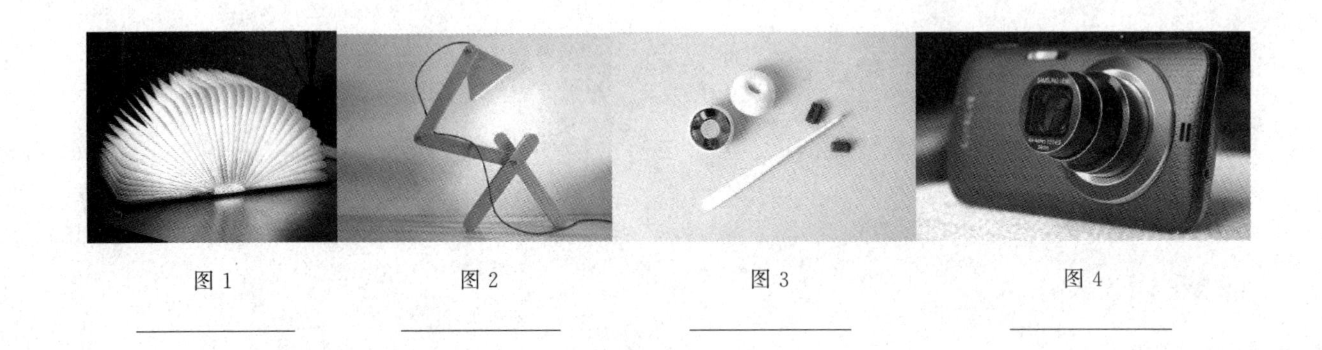

图 1 ________　图 2 ________　图 3 ________　图 4 ________

班　级：________　姓　名：________　学　号：________　完成日期：________

任务七　包装灯泡——形态构造2

环节二　契合构造体验

使用专业绘图笔，先在左侧图框绘制契合立方体的立体图，包含分开和拼合两个状态。

思考体块如何折叠而成，并在右侧图框分别绘制每个体块的平面展开图，尺规作图，并标注尺寸。

班　级：________　姓　名：________　学　号：________　　完成日期：________

任务七　包装灯泡——形态构造 3

环节三　连接结构体验

使用绘图圆珠笔，在右侧绘制两组不同的连接结构方案，要求示意图能够充分说明连接原理和各个组件。

班　级：________　姓　名：________　学　号：________　完成日期：________

任务七　包装灯泡——形态构造 4

环节四　灯泡包装设计

使用专业绘图圆珠笔，在右侧绘制灯泡包装的设计方案草图，至少包含 2 个视角的立体视图，以及展开和折叠的示意图，并标注基本尺寸。

班　级：________　姓　名：________　学　号：________　完成日期：________

任务七　包装灯泡——形态构造5

环节五　灯泡包装制作

根据上一环节确定的设计方案，在右侧绘制包装盒的展开平面图，尺规作图。

班　级：________　姓　名：________　学　号：________　完成日期：________

任务八　瓦楞纸椅——综合造型 1

环节二　提出概念

使用专业绘图圆珠笔，在右侧绘制对应 3 个设计方案的对应草图，每套设计草图至少包含 2～3 幅透视图、一幅结构说明图，能够完整准确地表达设计想法。

班　级：________　姓　名：________　学　号：________　完成日期：________

任务八　瓦楞纸椅——综合造型 2

环节二　提出概念

使用专业绘图圆珠笔和马克笔，在右侧绘制最终方案的设计效果图，包含坐具的名称、两幅透视图、一幅爆炸图、一幅尺寸图以及必要的结构示意图，马克笔简单着色。

班　级：________　姓　名：________　学　号：________　完成日期：________